钳工实训一体化教程

主　编　詹建新　方跃忠
副主编　向　伟
参　编　刘　珊　陈伏华
主　审　陈文军

机械工业出版社

本书是根据《国家职业教育改革实施方案》中关于教法改革的要求编写的,采用了项目式体例和理实一体化的教学模式。本书主要内容包括钳工基本知识、划线、锯削、锉削（一）、锉削（二）、刮削、游标高度卡尺划线、中心钻钻孔、麻花钻钻孔、錾削、孔的加工、螺纹的加工,共12个项目。

本书可作为普通高等院校、高等职业院校、中等职业学校机械类专业及近机械类专业的实训教材,也可作为相关从业人员的培训、参考用书。

本书采用双色印刷,并配有电子课件和教学资源包,凡使用本书作为教材的教师可登录机械工业出版社教育服务网 www.cmpedu.com 注册后下载。咨询电话:010-88379375。

图书在版编目（CIP）数据

钳工实训一体化教程/詹建新,方跃忠主编. —北京:机械工业出版社,2019.8（2025.1重印）
高等工科院校机械类专业系列教材
ISBN 978-7-111-62663-3

Ⅰ.①钳… Ⅱ.①詹… ②方… Ⅲ.①钳工-高等学校-教材 Ⅳ.①TG9

中国版本图书馆 CIP 数据核字（2019）第 116516 号

机械工业出版社（北京市百万庄大街 22 号　邮政编码 100037）
策划编辑：刘良超　责任编辑：刘良超
责任校对：杜雨霏　封面设计：鞠　杨
责任印制：邹　敏
北京中科印刷有限公司印刷
2025 年 1 月第 1 版第 4 次印刷
184mm×260mm · 7 印张 · 168 千字
标准书号：ISBN 978-7-111-62663-3
定价：22.00 元

电话服务　　　　　　　　　网络服务
客服电话：010-88361066　　机　工　官　网：www.cmpbook.com
　　　　　010-88379833　　机　工　官　博：weibo.com/cmp1952
　　　　　010-68326294　　金　书　网：www.golden-book.com
封底无防伪标均为盗版　　　机工教育服务网：www.cmpedu.com

前　言

钳工技能是机械行业从业者应具备的基本技能之一。本书的编写目的就是使学生掌握从事机械加工、装配和维修所必需的钳工基础知识、方法和技能。同时，让学生在实习中培养吃苦耐劳的精神和认真细致的工作作风，使学生具备良好的职业道德、良好的综合职业能力和安全操作意识，为从事专业技术工作以及学习新技术打下基础。

本书是根据《国家职业教育改革实施方案》中关于教法改革的要求编写的，采用了项目式体例和理实一体化的教学模式。本书以一组配合工件为载体，把钳工实训中零散的知识点系统、完整地组织起来，并介绍了生产实际中常用的中心钻、划线水和红丹合模油。本书主要内容包括钳工基本知识、划线、锯削、锉削（一）、锉削（二）、刮削、高度游标卡尺划线、中心钻钻孔、麻花钻钻孔、錾削、孔的加工、螺纹的加工，共12个项目。与本书内容对应的实训材料简单，是两块规格为 100mm×100mm×8mm 的 45 钢板材，使用常见的实训工具就能完成相应实训内容，降低了学校开展实训课程的难度。

本书由广州华立科技职业学院詹建新和方跃忠担任主编，湘西民族职业技术学院向伟担任副主编，广州华立科技职业学院刘珊和陈伏华参加了编写。詹建新负责全书的统稿工作。广州华立科技职业学院陈文军审阅了本书并提出了宝贵意见。

由于编者水平有限，书中难免有缺点错误，恳请广大读者批评指正。

编　者

目 录

前言
项目1　钳工基本知识 …………………………………………………………………… 1
项目2　划线 ……………………………………………………………………………… 15
项目3　锯削 ……………………………………………………………………………… 23
项目4　锉削（一） ……………………………………………………………………… 33
项目5　锉削（二） ……………………………………………………………………… 43
项目6　刮削 ……………………………………………………………………………… 49
项目7　高度游标卡尺划线 ……………………………………………………………… 57
项目8　中心钻钻孔 ……………………………………………………………………… 63
项目9　麻花钻钻孔 ……………………………………………………………………… 70
项目10　錾削 …………………………………………………………………………… 80
项目11　孔的加工 ……………………………………………………………………… 89
项目12　螺纹的加工 …………………………………………………………………… 98
参考文献 ………………………………………………………………………………… 106

项目 1

钳工基本知识

教学目的

1）了解钳工常用工具和设备。
2）了解钳工操作的规章制度和安全生产要求。
3）了解游标卡尺、千分尺、游标万能角度尺等测量工具测量的原理。

掌握技能

1）掌握游标卡尺、千分尺、游标万能角度尺等测量工具的结构。
2）掌握游标卡尺、千分尺、游标万能角度尺等测量工具正确的读数方法。

作业方法

1）独立完成。
2）先交小组长检测，再交老师检测。

1.1 钳工的概念、特点、加工范围及分类

（1）钳工的概念　钳工是手持工具，用手工的方式，对金属进行加工的一个工种。钳工的工作主要是以手工方法，利用各种工具和常用设备对金属进行加工。

钳工必须掌握的基本操作技能有划线、锯割、锉削、刮削、钻孔、錾削、锪孔、铰孔、攻螺纹和套螺纹、研磨以及基本测量技能和简单的热处理方法等。

目前，虽然机械制造设备发展迅速，在很多加工领域已完全用机械设备自动加工代替手工作业，但是在实际工作中，还是有很多用机械加工方法难以处理的工作，这些工作必须由钳工完成，例如，机械加工前的准备工作，或者设备的组装、维修，或者由于机械设备本身存在误差，而导致加工出来的工件也存在误差，需要由钳工对这些存在误差的零件进行修正等。

（2）钳工的特点
1）加工灵活、方便，能够加工形状复杂、质量要求较高的零件。
2）工具简单，制造刃磨方便，材料来源充足，成本低。
3）劳动强度大，生产率低，对工人技术水平要求较高。

（3）钳工的加工范围
1）加工前的准备工作。如清理毛坯、在工件上划线等。
2）加工精密零件。如锉样板、刮削或研磨机器量具的配合表面等。
3）零件装配成机器时互相配合零件的调整，整台机器的组装、试车、调试等。

4）机器设备的保养维护。

（4）钳工的分类　按照钳工所从事的工作不同，钳工一般分为机修钳工、装配钳工和模具钳工。无论是哪一种钳工，要想做好本职工作，都应该掌握钳工的基本操作。

1）机修钳工主要负责机械设备的制造、维修、保养，设备的日常点检，设备的安装调试等工作。

2）装配钳工指使用钳工工具、钻床或者其他机械加工设备，按技术要求对工件进行加工、维修、装配的工种。

3）模具钳工主要负责模具的制作、装配、维修、保养和模具的日常点检工作。

1.2　钳工常用设备

（1）钳工工作台　钳工工作台是钳工常用设备之一，适用于检测、维修、组装等各类工作。学生实训室所用的钳工工作台一般包括防护网、钢板工作台、钳工桌、台虎钳等，如图1-1所示。

（2）钳工桌　钳工桌的主要作用是安装台虎钳和钢板工作台，一般用木材或钢材制成，钳工桌一般是长方形，长、宽尺寸根据工作需要确定，高度一般以800～900mm为宜。为了确保操作者的安全，钳工桌一定要非常坚实，如图1-2所示。

图1-1　钳工工作台

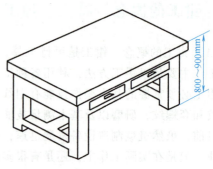

图1-2　钳工桌

（3）钢板工作台　钢板工作台是摆放在钳工桌上的一块水平的钢板，材质为HT200～HT300，工作面硬度为170～240HBW，经过两次人工处理（人工退火600～700℃和自然时效2～3年）而成，精度稳定，耐磨性能好，具有良好的耐蚀性、耐脏性、抗冲击性以及较高的承重能力。钢板工作台可作为测量、划线、检测等工作的基准面。

（4）台虎钳　台虎钳如图1-3所示，是用来夹持工件的通用夹具，一般安装在钳工桌的角位

图1-3　台虎钳

处。钳工的大部分工作是在台虎钳上完成的,如锯、锉、錾以及零件的装配和拆卸。台虎钳的规格以钳口的宽度表示,有 75mm、100mm、125mm、150mm、200mm、250mm、300mm 等。

台虎钳是由活动钳身、固定钳身、转盘座、导螺母、丝杠、钳口体等组成的,如图 1-4 所示。活动钳身通过导轨与固定钳身的导轨做滑动配合。丝杠装在活动钳身上,可以旋转,但不能轴向移动,并与安装在固定钳身内的丝杠螺母配合。当摇动手柄使丝杠旋转时,就可以带动活动钳身相对于固定钳身做轴向移动,起夹紧或放松的作用。弹簧借助挡圈和销钉固定在丝杠上,其作用是当放松丝杠时,可使活动钳身在弹力作用下退出。在固定钳身和活动钳身上,各装有钢制钳口,并用螺钉固定。钳口的工作面上制有交叉的网纹,使工件夹紧后不易产生滑动。钳口经过热处理淬硬,具有较好的耐磨性。固定钳身装在转盘座上,并能绕转盘座轴线转动,当转到要求的方向时,扳动夹紧手柄使夹紧螺钉旋紧,便可在夹紧盘的作用下把固定钳身固紧。转盘座上有三个螺纹孔,用来固定在钳工桌上。

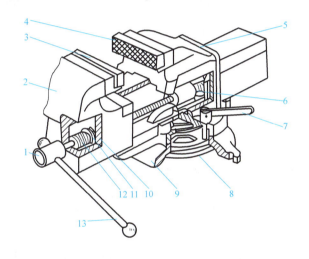

图 1-4 台虎钳的结构

1—丝杠 2—活动钳身 3—活动钳口 4—固定钳口 5—固定钳身 6—导螺母
7—夹紧手柄 8—夹紧盘 9—转盘座 10—销钉 11—挡圈 12—弹簧 13—手柄

台虎钳的类型有固定式和回转式两种。两者的主要构造和工作原理基本相同。其中回转式台虎钳的钳身可以相对于转盘座回转,能满足不同方位的加工需要,使用方便,应用广泛。台虎钳的使用与保养要求如下。

1)夹持工件时要松紧适当,过松会造成工件掉落,过紧则有可能损坏工件。

2)夹持工件时用手顺时针方向旋转手柄,不能用锤子敲打手柄,否则会损坏台虎钳。

3)台虎钳钳口处只能用于夹持工件,工件被夹紧后,不能在台虎钳上面用力敲击,以免损坏钳口。

4)长期不用的时候,台虎钳应放置在通风干燥的地方,以避免生锈,影响使用。

5)对台虎钳的丝杠部位需经常加注润滑油,保证台虎钳工作流畅和省力。

(5)砂轮机 砂轮机是用来刃磨各种刀具、工具的常用设备。其主要是由基座、砂轮、电动机或其他动力源、托架、防护罩和给水器等组成的，如图1-5所示。

（6）台式钻床　台式钻床是一种体积小巧，操作简便，通常安装在专用工作台上使用的小型钻孔加工机床，如图1-6所示。

图1-5　砂轮机　　　　　　　　　　　图1-6　台式钻床

台式钻床有如下特点。

1）台式钻床钻孔直径一般在 $\phi 12mm$ 以下，最大不超过 $\phi 13mm$。

2）主轴变速一般通过改变传动带在带轮上的位置来实现。

3）主轴进给靠手动操作。

4）台式钻床的夹头一般是自定心夹头，通过钻夹头钥匙旋转夹头外套，使三个卡爪夹紧或松开。

（7）立式钻床　立式钻床是主轴竖直布置且中心位置固定的钻床，简称立钻，如图1-7所示。

立式钻床的体积较大，常用来钻削中型工件上的孔。其最大钻孔直径有 $\phi 25mm$、$\phi 35mm$、$\phi 40mm$ 和 $\phi 50mm$ 等。立式钻床可以自动进给，它的功率和机构强度都允许采用较高的切削用量，因此用这类钻床加工工件，可获得较高的生产效率和加工精度。另外，它的主轴转速和进给量都有较大的变动范围，因此可适应不同材料的加工和进行钻孔、扩孔、锪孔、铰孔、攻螺纹等工作。立式钻床一般有冷却装置，由专用冷却泵供应加工时所需的切削液。

（8）摇臂钻床　摇臂钻床是一种摇臂可绕立柱回转和升降、主轴箱在摇臂上做水平移动的大型钻床，如图1-8所示。

图1-7　立式钻床

摇臂钻床常用于在大、中型工件上钻孔，其夹头一般都有莫氏锥度。在立式钻床上加工孔时，刀具与工件的对中是通过工件的移动来实现的，而对一些大而重的工件，移动工件是非常不方便的。摇臂钻床则可以旋转或移动刀具轴的位置来实现钻孔，这就给在单件及小批生产中，加工大而重工件上的孔带来了很大的方便。

图 1-8 摇臂钻床

1.3 钳工常用量具

钳工常用量具有金属直尺、游标卡尺、千分尺、指示表、塞尺、平板、外径千分尺、标尺、角尺等。

1.3.1 量具的概念

钳工所使用的量具是用来测量、检验工件及产品尺寸和形状的工具。量具的种类很多，根据其用途和特点不同，可分为三种类型。

（1）标准器具　标准器具指用作测量或检定标准的量具，这类器具上一般没有刻度，如角尺、量块、多面棱体、表面粗糙度比较样块等，这类量具有国家统一的标准。

（2）通用器具　通用器具也称万能量具，一般指由量具厂统一制造的通用性量具，这类器具上一般有刻度，如金属直尺、平板、角度块、卡尺、指示表等，这类量具有国家统一的标准。

（3）专用器具　专用器具也称非标量具，指专门为检测工件某一技术参数而设计制造的量具，这类量具没有国家标准，是由工厂或检验机构内部制作的量具，不能用在其他地方。

1.3.2 金属直尺

金属直尺具有精确的直线棱边，分度值一般为1mm，是用来测量长度和作图的工具，广泛应用于数学、测量、工程等学科。

金属直尺用于测量零件的长度尺寸，它的测量结果不太准确。这是由于金属直尺的刻线间距为1mm，而刻线本身的宽度就有0.1~0.2mm，所以测量时读数误差比较大，只能读出毫米数，即它的最小读数值为1mm，比1mm小的数值，只能估计而得。

常见的金属直尺采用不锈钢制作而成，分为正、反两面，正面的刻度是米制，单位为mm，反面的刻度是英制，单位为in（1in=25.4mm），如图1-9所示。

用金属直尺测量长度的正确方法是会认、会放、会看、会读、会记和会选。

1）会认。认清金属直尺的示值范围（即最大测量尺寸）、分度值（即最小刻度所表示的数值）和零刻度线（零刻度线磨损的金属直尺可从能看得清楚的某一整刻度线开始测量）。

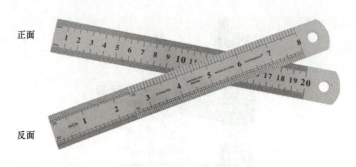

图 1-9　金属直尺

例如，图 1-10 中，金属直尺的示值范围是 0~8cm，分度值是 1mm。

图 1-10　认清金属直尺的示值范围、分度值和零刻度线

2）会放。零刻度线或某一数值刻度线对齐待测物体的起始端，使金属直尺有刻度的边贴紧待测物体，与所测长度平行，不能倾斜，如图 1-11 所示。

3）会看。读取数据时，视线与金属直尺尺面垂直或正对刻度线，如图 1-12 所示。

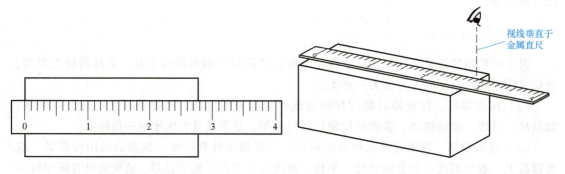

图 1-11　零刻度线对齐起始端　　　　图 1-12　视线与金属直尺尺面垂直或正对刻度线

4）会读。读数时，要估读到分度值的下一位，例如图 1-11 中，金属直尺的分度值是 1mm，则在读数时，先读取整数的毫米，再估读毫米以下的一位，估读的数值会随测量者的不同而有差别，这就是长度测量中产生的估读误差，是不可避免的。

5）会记。正确记录数字（包括准确值和估读值）和单位，例如图 1-11 中，准确值是 27mm，估读值是 0.8mm，则记录结果为 27.8mm。

一般来说，在实际的测量中，应进行多次测量，然后对测量值求平均值，平均值的数值和测量数值的精确度一样（平均值应采取四舍五入的方法），平均值可以减小测量误差。

例如图 1-11 中，如果有两位同学测量，甲同学的记录结果是 27.8mm，乙同学的记录结果是 27.9mm，则平均值为 27.85mm，四舍五入后，则平均值为 27.9mm。

如果有三位同学测量，甲同学的记录结果是 27.8mm，乙同学的记录结果是 27.9mm，丙同学的记录结果是 27.8mm，则平均值为 27.83mm，四舍五入后，则平均值为 27.8mm。

6）会选。在实际的测量中，并不是分度值越小越好，测量时应先根据实际情况确定需要达到的精度，再选择满足测量要求的测量工具。例如，现有金属直尺（分度值为 1mm）和游标卡尺（分度值为 0.1mm），在测量毛坯的尺寸时用金属直尺，而在测量铣刀、麻花钻的直径时则需用游标卡尺。

1.3.3 游标卡尺

（1）游标卡尺的结构　游标卡尺是一种测量长度、内外径、深度的量具，包括外测量爪、内测量爪、紧固螺钉、尺框、游标尺、尺身、深度尺，可用来测量长度、厚度、外径、内径和孔深等，如图 1-13 所示。

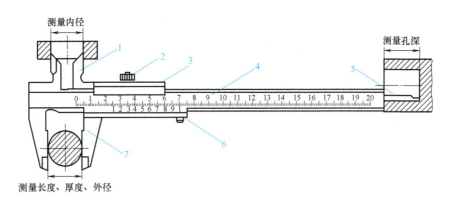

图 1-13　游标卡尺

1—内测量爪　2—紧固螺钉　3—尺框　4—尺身　5—深度尺　6—游标尺　7—外测量爪

游标卡尺的尺身和游标尺上有两副活动测量爪，分别是内测量爪和外测量爪，内测量爪通常用来测量内径，外测量爪通常用来测量长度、厚度和外径，游标卡尺的尾部有一个深度尺，可以用来测量工件的高度和深度等。

（2）游标卡尺的精度　游标卡尺是利用尺身标尺间距与游标尺标尺间距来读数的，以分度值为 0.02mm 游标卡尺为例，尺身的两相邻标尺间距为 1mm。当两卡脚合并在一起时，尺身上 49mm 的刻度正好与游标尺上第 50 刻度对齐，如图 1-14 所示。设游标尺上两相邻刻度的距离为 x，则 $50x = 49$mm，所以 $x = 0.98$mm，因此尺身与游标尺两相邻刻度的距离相差 0.02mm，即游标卡尺的测量精度为 0.02mm。

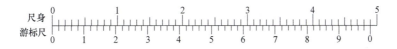

图 1-14　尺身与游标尺刻度

（3）游标卡尺的读数步骤

1）根据游标尺零刻度线以左的尺身上的最近刻度读出主刻度数，主刻度数为整毫米数，在图 1-15 中主刻度数为 33mm。

2）在游标尺零刻度线以右的刻线中，与尺身上的刻度对得最齐的刻度数乘上 0.02 读出副刻度数，副刻度数为小数，在图 1-15 中的副刻度数为 0.24mm。

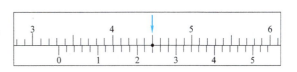

图 1-15　游标卡尺读数示例

3）主刻度数+副刻度数，即为游标尺卡的读数，在图 1-15 中的读数为 33.24mm。

（4）游标卡尺的起始误差　游标卡尺多次使用后，测量爪就会磨损，这种由于测量爪引起的误差，称为起始误差。起始误差的大小可以在使用前检测出来，步骤如下。

1）用软布将测量爪擦干净，然后使其并拢，对着光线查看两个测量爪之间的缝隙处是否透光，并查看游标尺和尺身的零刻度线是否对齐，如图 1-16 所示。

2）如果游标尺的零刻度线在尺身零刻度线的左侧，称为负起始误差，负起始误差的读数方式为从左往左读，记为负值；如果游标尺的零刻度线在尺身零刻度线的右侧，称为正起始误差，正起始误差的读数方式为从左往右读，记为正值。这种规定方法与数轴的规定一致，原点以左为负，原点以右为正。

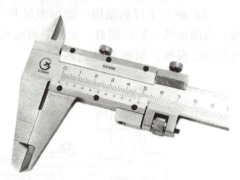

图 1-16　对齐测量爪

3）如图 1-17 所示，游标尺的刻度从右边数起的第 7 个刻度（箭头所指的刻度）与主刻度对得最齐，起始误差应记为 7×0.02mm＝0.14mm，记为-0.14mm。

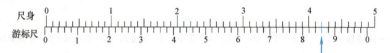

图 1-17　游标尺的零刻度线在尺身零刻度线左侧

4）如图 1-18 所示，游标尺的刻度从左边数起的第 13 个刻度（箭头所指的刻度）与主刻度对得最齐，起始误差应记为 13×0.02mm＝0.26mm，记为+0.26mm。

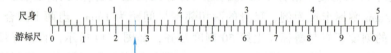

图 1-18　游标尺的零刻度线在尺身零刻度线右侧

5）工件的实际测量尺寸为游标卡尺的读数与起始误差之差。

如果一个工件的测量读数如图 1-15 所示，起始误差如图 1-17 所示，则工件的实际测量尺寸为

$$33.24\mathrm{mm}-(-0.14\mathrm{mm})=33.38\mathrm{mm}$$

如果一个工件的测量读数如图 1-15 所示，起始误差如图 1-18 所示，则工件的实际测量尺寸为

$$33.24\mathrm{mm}-(+0.26\mathrm{mm})=32.98\mathrm{mm}$$

（5）游标卡尺的使用步骤

1）先合拢游标卡尺的测量爪，判断尺身、游标尺的零刻度线是否对齐，如果尺身、游标尺的零刻度线对齐就可以直接进行测量，如没有对齐，则必须记录起始误差。

2）当测量零件的外尺寸时，先把卡尺的活动测量爪张开，使测量爪能自由地卡进工件；然后左手拿待测的工件，右手拿住尺身，把零件贴靠在固定测量爪上；大拇指移动游标

尺，用轻微的压力使活动测量爪接触零件，如图 1-19 所示。

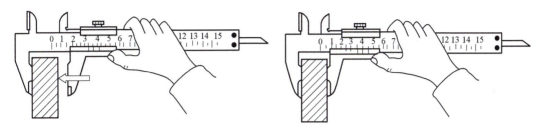

图 1-19　测量爪先张开，再移动游标尺，使活动测量爪接触零件

3）如卡尺带有微动装置，此时可拧紧微动装置上的固定螺钉，再转动调节螺母，使测量爪接触零件并读取尺寸。

4）读数时，可以轻轻摇动卡尺，使卡尺的两个卡爪的测量面连线垂直于工件被测量表面，不能歪斜，否则测量结果 b 将比实际尺寸 a 要大，如图 1-20 所示。

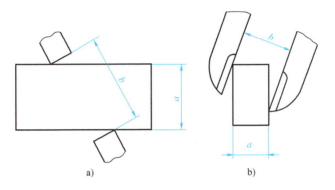

图 1-20　错误的测量方式

a）卡爪测量面的连线与工件测量面不垂直　b）卡尺歪斜

5）不可把卡尺的两个测量爪调节到接近甚至小于所测尺寸，把卡尺强制地卡到零件上去，否则会使测量爪变形，或使测量面过早磨损，使卡尺失去应有的精度。

（6）其他的游标卡尺

1）数显卡尺。用数显卡尺测量时，工件测量的尺寸直接显示在显示屏上，数显卡尺的分度值为 0.01mm，如图 1-21 所示。

图 1-21　数显卡尺

2）带表卡尺。将游标卡尺上的游标尺换成圆盘的形式，圆盘的一周 100 等分，每两个刻度表示 0.02mm，如图 1-22 所示。

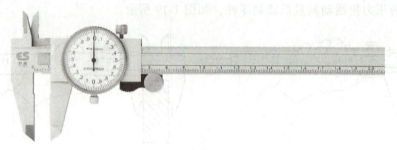

图 1-22 带表卡尺

1.3.4 千分尺

千分尺又称螺旋测微器，主要由尺架、砧座、固定套管、微分筒、锁紧手柄、测微螺杆、测力装置等组成，如图 1-23 所示。千分尺是比游标卡尺更精密的长度测量工具，用它测量长度可以精确到 0.01mm，但测量范围较小，它的测量范围分为 0~25mm、25~50mm、50~75mm、75~100mm、100~125mm 等，使用时按被测工件的尺寸选用不同测量范围的千分尺。

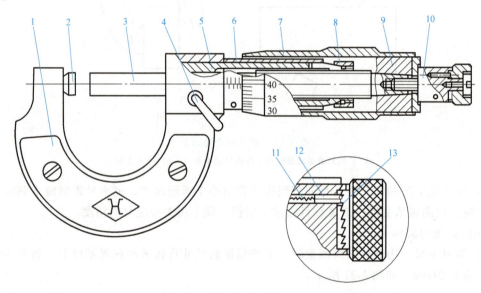

图 1-23 千分尺

1—尺架 2—砧座 3—测微螺杆 4—锁紧手柄 5—螺纹套 6—固定套管 7—微分筒
8—螺母 9—接头 10—测力装置 11—弹簧 12—棘轮爪 13—棘轮

固定套管上有两排刻线，上排的刻线为毫米数整数，分别为 1mm、2mm……，下排的刻数为半毫米数，即 0.5mm 的刻线。

千分尺测微螺杆上的螺距为 0.5mm，当微分筒旋转一圈时，测微螺杆就沿轴向移动 0.5mm。微分筒圆锥面上共刻有 50 个格，因此微分筒每转一格，螺杆就移动 0.5mm/50 = 0.01mm，所以千分尺的分度值为 0.01mm。

千分尺的读数方法：首先读出微分筒边缘在固定套管主尺的毫米数和半毫米数，然后看微分筒上哪一格与固定套管上基准线对齐,并读出相应的不足半毫米数,最后把两个读数相加就是测得的实际尺寸。

在图1-24a中,固定套管上没有显示下排的半毫米刻线,因此读数为24mm+0.19mm= 24.19mm,在图1-24b中,固定套管上已显示下排的半毫米刻线,因此读数为54.5mm+ 0.19mm=54.69mm。

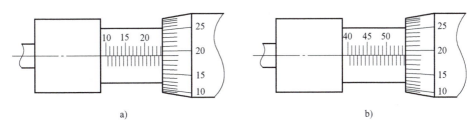

图1-24 千分尺读数示意图

a)没有显示下排的半毫米刻线 b)显示下排的半毫米刻线

1.3.5 游标万能角度尺

游标万能角度尺是利用游标读数原理来直接测量工件角或进行划线的一种角度量具,适用于机械加工中的内、外角度测量,可测 0°~320° 外角及 40°~130° 内角。它由尺身、直角尺、游标尺、扇形板、卡板、直尺等组成,如图1-25所示。

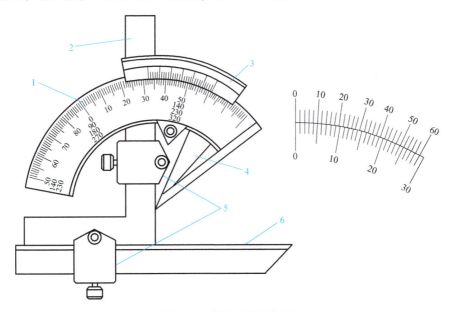

图1-25 游标万能角度尺

1—尺身 2—直角尺 3—游标尺 4—扇形板 5—卡板 6—直尺

游标万能角度尺的原理与游标卡尺的原理相同,即尺身刻线每格为 1°,游标的刻线是取尺身的 29° 等分为 30 格,数学上规定 1°=60′,因此游标尺上每两刻线之间的角度为 29′/30=29×60′/30=58′,即尺身与游标尺一格的差值为 2′,也就是说游标万能角度尺的分度值为 2′。除此之外还有 5′ 和 10′ 两种分度值的游标万能角度尺,其读数方法与游标卡尺完全相同。

测量角度时,应先校准零位,即调整游标尺的角度,使尺身与游标尺的"0"线对准。调整好零位后,通过改变角尺与直尺的相互角度,即可测试0°~320°范围内的任意角。

用游标万能角度尺测量角度时,应根据不同的角度选择不同的测量方式,把直角尺和直尺全部装上时,可测量0°~50°的角度;仅装上直尺时,可测量50°~140°的角度;仅装上直角尺时,可测量140°~230°的角度;把直角尺和直尺全部拆下时,可测量230°~320°的角度,如图1-26所示。

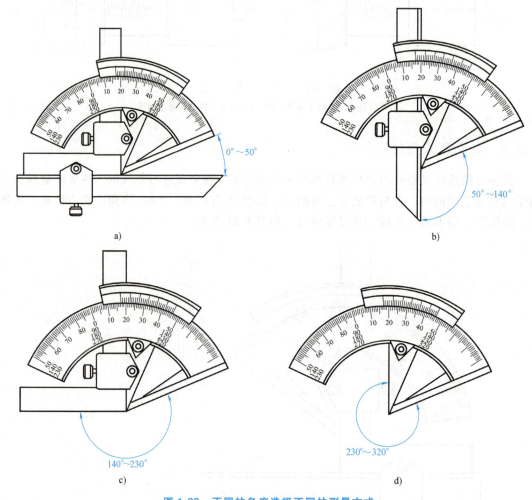

图1-26 不同的角度选择不同的测量方式
a) 测量范围为0°~50° b) 测量范围为50°~140° c) 测量范围为140°~230° d) 测量范围为230°~320°

1.3.6 塞尺

塞尺是用来检验两个结合面之间间隙大小的片状量规,主要用于测量两个配合面之间间隙的大小,它是由一组具有不同厚度级差的薄钢片组成的量规,如图1-27所示。

(1) 塞尺的结构 塞尺一般用不锈钢制造,厚度为0.02~3mm。厚度从0.02mm到0.1mm,各钢片厚度级差为0.01mm;从0.1mm到1mm,各钢片厚度级差为0.05mm;从

1mm 到 3mm，各钢片厚度级差为 1mm。

塞尺有两个平行的测量面，其长度有 50mm、100mm、200mm 等多种规格。

（2）塞尺的使用方法

1）使用塞尺测量两个工件的间隙时，应根据间隙的大小选择塞尺的片数和厚度。

2）先选用较薄的塞尺，将塞尺塞进两个工件的间隙中进行测量，如图 1-28 所示。

3）如果能轻松将塞尺塞进两个工件的间隙中，再选用较厚的塞尺进行测量，或将数片塞尺重叠在一起使用。

4）所能塞进塞尺的最大厚度为两个工件之间间隙的大小。

5）使用时，由于塞尺的薄片很薄，容易弯曲和折断，因此测量时不能用力太大。

6）使用时，不要测量温度较高的工件。

7）塞尺使用完后要擦拭干净，并及时放到夹板中去。

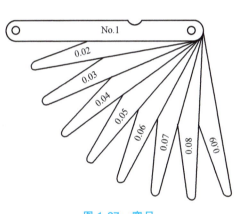

图 1-27　塞尺

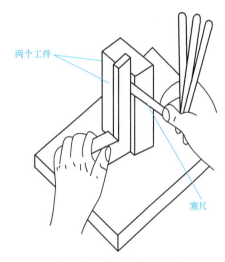

图 1-28　塞尺的使用方法

1.4　钳工实训室纪律

实训时，由于场地分散，环境嘈杂，严格遵守安全文明生产和实训纪律尤其重要。

1）按时上课，不得迟到、早退、旷课，请假要有批准手续。

2）按要求穿戴好防护用品，时刻注意安全，防止碰撞、刮擦等人身伤害。

3）认真训练，不得嬉戏、打闹和离岗，按时完成课题作业。

4）未经安排，不准私自加工非课题规定的工件，不准带走训练场地的一切物品（包括工件、材料等）。

5）爱护设备设施，不准擅自使用不熟悉的机床设备。

6）保管好工、夹、量具，使用时应放在指定位置，严禁乱堆乱放。

7）保持场地清洁，自觉积极打扫卫生。

8）工作中一定要严格遵守钳工各项安全操作规程。

1.5　实训练习

练习 1：游标卡尺的测量

1）用游标卡尺测量内径、外径、孔深、长度等尺寸。

2）通过实物测量达到熟悉游标卡尺结构，掌握游标卡尺的用法，并能快速准确地读出读数的目的。

练习 2：千分尺的测量

1）用千分尺测量外径、长度等尺寸。

2）通过实物测量达到熟悉千分尺结构，掌握千分尺的用法，并能快速准确地读出读数的目的。

练习 3：游标万能角度尺的测量

1）用游标万能角度尺测量不同的角度、锥度等。

2）通过实物测量达到熟悉游标万能角度尺结构，掌握游标万能角度尺的用法，并能快速准确地读出读数的目的。

项目 2

划　　线

1) 了解划线工具。
2) 认识打点的目的。

掌握技能

1) 掌握划线工具的使用方法。
2) 掌握划平行线、垂直线的基本方法。
3) 掌握打点的技巧。
4) 养成认真工作的习惯。

作业方法

1) 独立完成。
2) 自我检测。
3) 先交小组长检测，再交老师检测。

2.1　划线的基本知识

（1）划线的概念　根据图样和技术要求，在毛坯或半成品上用划线工具划出加工界线，或划出作为基准的点、线的操作过程称为划线。

划线是机械加工中的一道重要工序，广泛用于单件或小批量生产。在一些机械加工前，比如锯、风割、钻孔、刨等，先将工件的初步形状在毛坯材料上勾勒出来，可以减少失误，提高作业的准确度。

对划线的基本要求是线条清晰匀称，定形、定位尺寸准确。由于划线的线条有一定宽度，一般要求精度达到 0.25~0.5mm。应当注意，工件的加工精度不能完全由划线确定，而应该在加工过程中通过检测工具测量来保证。

（2）划线的作用
1) 确定工件上各加工面的加工位置和加工余量。
2) 可全面检查毛坯的形状和尺寸是否符合图样要求，是否满足加工要求。
3) 在坯料上出现某些缺陷的情况下，往往可通过划线来实施补救。
4) 在板料上按划线下料，可做到正确排料，合理使用材料。

（3）划线的分类　划线可以分为平面划线和立体划线两种。只需要在工件一个表面上划线即能明确表明加工界线的，称为平面划线，如图 2-1 所示；需要在工件几个互成不同角度

(一般是互相垂直)的表面上划线，才能明确表明加工界线的，称为立体划线，如图 2-2 所示。

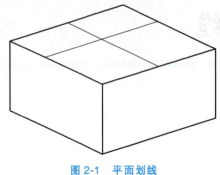 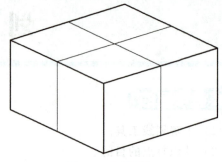

图 2-1　平面划线　　　　　　　　图 2-2　立体划线

（4）划线基准　在对工件划线时，应选定工件的某些点、线、面为基准，并以此来调节每次划线的位置，这个基准称为划线基准。选择划线基准的基本原则有如下三点。

1) 以两个相互垂直的平面或直线为基准。
2) 以一个平面或一条直线和一条中心线为基准。
3) 以两条相互垂直的中心线为基准。

（5）划线工具的分类

1) 基准工具，包括划线平板、方铁、V 形铁、三角铁、弯板（直角板）以及各种分度头等。
2) 量具，包括金属直尺、量高尺、游标卡尺、游标万能角度尺、直角尺以及测量长尺寸的钢卷尺等。
3) 绘划工具，包括划针、划线盘、游标高度卡尺、划规、划卡、平尺、曲线板以及锤子、样冲等。
4) 辅助工具，包括钳工划线水、垫铁、千斤顶、C 形夹头和夹钳以及找中心划圆时打入工件孔中的木条、铅条等。

2.2　几种主要划线工具

（1）钳工划线水　钳工划线水是一种高级金属工艺墨水，颜色一般为深蓝色，用塑料瓶包装，如图 2-3 所示，在划线前，涂抹在工件的表面，然后再在工件表面划线，划出线条将更明显，而且钳工划线水不易脱落，能长久保持线条。

（2）钳工台　一般由铸铁制成，工作表面经过精刨、刮削与精磨加工而成，如图 2-4 所示。它的工作表面具有非常好的平面度，可以作为划线或检测的基准。在钳工实训室里，钳工台一般安装在钳工桌面上。

（3）划针　划针是钳工在工件表面划线时使用的工具，常与金属直尺、直角尺或划线样板等导向工具一起使用。用划针划出的线条宽度为 0.05~0.1mm。

划针主要由弹簧钢丝或高速工具钢制成，直径为 3~6mm，尖端成 15°~20°，如图 2-5 所示。划针的尖端经淬火处理，非常硬，在冲击作用下，划针的尖端极易断裂。

项目2　划线

图 2-3　钳工划线水

图 2-4　钳工台

图 2-5　划针

用划针划线时，一只手压紧导向工具，防止导向工具滑动，另一只手握紧划针，并使划针向外侧倾斜 20°~25°，使划针的针尖贴紧导向工具。同时使划针向划线方向倾斜 45°~75°，如图 2-6a 所示。

在划线时，严禁划针的针尖偏离导向工具，否则会增加划线的误差，如图 2-6b 所示。

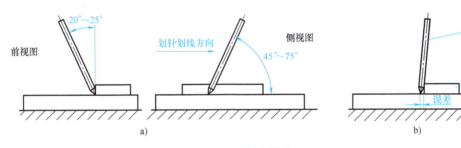

图 2-6　划针划线方法

a) 正确划线法　b) 错误划线法
1—划针　2—导向工具　3—工件

使用划针划线时，注意事项如下。

1) 常与金属直尺、直角尺或划线样板等导向工具一起使用。
2) 平时不使用时应放入笔套，保持划针头的锐利，防止针尖断裂。
3) 用划针划线时，用力必须均匀，力度大小适中，不能时大时小。
4) 一根线最好是一次划成，这样可以防止出现双线，保证线条粗细均匀。

（4）划规　划规在钳工划线工作中可以划圆和圆弧、等分线、等分角度以及量取尺寸等，是用来确定轴及孔的中心位置、划平行线的基本工具。划规可以分为普通划规、扇形划规、弹簧划规、长划规等类型，如图 2-7 所示。

（5）划线盘　划线盘是在一些圆形或者锥形工件表面划线或找正工件位置的量具，主要由底座、立柱、划针和夹紧螺母等组成，如图 2-8 所示。可以通过调整夹紧螺母的位置来调

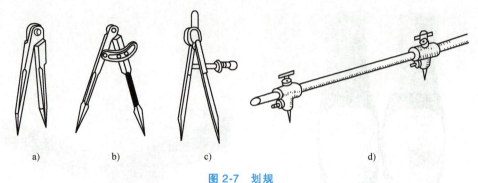

图 2-7 划规

a) 普通划规　b) 扇形划规　c) 弹簧划规　d) 长划规

整划针的高度。

划针两端分为直头端和弯头端，直头端用来划线，弯头端主要用于找正工件表面与铸铁平板、划线平板、基础平板、焊接平板等基准平面的平行等，如图 2-9 所示。

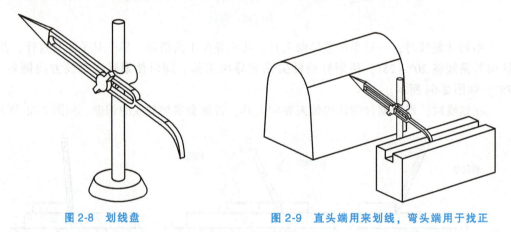

图 2-8 划线盘　　　　　图 2-9 直头端用来划线，弯头端用于找正

划线盘主要用于立体划线和校正工件位置。用划线盘划线时，要注意划针装夹应牢固，伸出长度要短，以免产生抖动。其底座要保持与划线平台贴紧，不要摇晃和跳动。

（6）金属直尺　金属直尺是一种简单的长度量具，如图 2-10 所示。它的测量结果不太精确，这是由于金属直尺的刻线间距，在 0~50mm，分度值为 0.5mm，大于 50mm，分度值为 1mm，而刻线本身的宽度就有 0.1~0.2mm，所以用金属直尺测量时，读数误差比较大。它的长度有 150mm、200mm、250mm、300mm、500mm 和 1000mm 等规格。

图 2-10 金属直尺

金属直尺有时可以用作划线的导向工具，如图 2-11 所示。

（7）直角尺　直角尺是指角度为 90°的一种直角测量、绘图工具（三角尺），常用于检测工件的两边是否垂直，或在划线时常用作划平行线、垂直线的导向工具，也可用来找正工件在划线平台上的垂直位置，如图 2-12 所示。

(8)样冲 工件划线后,在搬运、装夹等过程中可能将线条摩擦掉,为保持划线标记,通常要用样冲在已划好的线上打上小而均布的冲眼。

冲眼时,将样冲尖朝向操作者,斜着放在划线上,使样冲的尖端对准两条直线的交点处,如图 2-13a 所示。然后将样冲竖直摆放,再进行锤击,如图 2-13b 所示,以保证冲眼的位置准确。

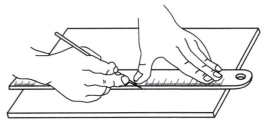

图 2-11 金属直尺用作划线导向工具

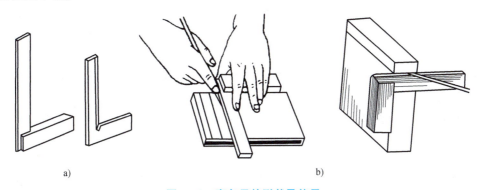

图 2-12 直角尺的形状及使用
a)直角尺 b)用作导向工具

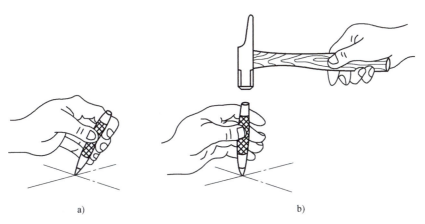

图 2-13 样冲的使用方法
a)先斜放 b)再直放

2.3 划线的找正与借料

(1)找正 利用划线盘、直角尺、楔块等划线工具,检查或校正工件上的有关不加工表面,使工件的有关表面和基准面处于合适的位置后,再用划线工具划线的过程,称为找正。找正有以下两种类型。

1) 毛坯上有不加工的基准面时，按不加工的基准面找正后再划线，可使待加工表面与基准面之间保持尺寸均匀。

2) 工件上没有不加工表面时，通过对各待加工表面自身位置的找正后再划线，可使各待加工表面余量得到合理和均匀的分布，而不致出现加工余量过大或过小的现象。

如图 2-14 所示的轴承座，基座的厚度不均，基座的上表面为基准面，以该基准面为依据，在基座上划出加工线，从而使底板上、下两面基本保持平行，这种划线方式称为找正。

又比如该轴承座上有一个小孔，该小孔与圆柱外表面不同轴，以圆柱外表面为基准面，划一个与圆柱外表面同轴的圆，这种划线方式也称为找正。

毛坯找正的原则如下。

1) 为了保证不加工面与加工面间各点的距离相同（一般称壁厚均匀），应将不加工面用划针找平（当不加工面为水平面时），或把不加工面用直角尺找垂直（当不加工面为垂直面时）。

2) 如有几个不加工表面时，应以面积最大的不加工表面找正，并照顾其他不加工表面，使各处尽量均匀，孔与轮毂或工艺凸台尽量同轴。

3) 如没有不加工平面时，要以欲加工孔毛坯和工艺凸台外形来找正。对于有很多孔的箱体，要照顾各孔毛坯和工艺凸台，使各孔均有加工余量面且与工艺凸台同轴。

（2）借料　借料就是通过划线和调整，使各个加工面的加工余量合理分配，互相借用，从而保证各个加工表面都有足够的加工余量，而误差和缺陷可在加工后消除，或使其影响减少到最低程度。在图 2-15 所示的不规则材料中划一个 55mm×25mm 的矩形，在划这个矩形时，必须经过多次试划和调整，才能完整地划出，这种划线方式称为借料。

图 2-14　轴承座找正

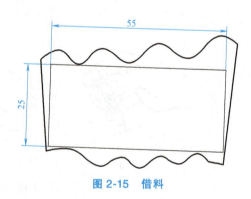

图 2-15　借料

2.4　基本线条的划法

（1）平行线的划法　利用三角板的平移划平行线是非常迅速且实用的，其划法可以总结为："一放""二靠""三移""四划"，如图 2-16 所示。

一放：放置第一块三角板，且三角板的一边与已知直线重合。

二靠：靠紧三角板的另一边放置第二块三角板。

三移：使第一块三角板沿着第二块三角板移动，使与原直线重合的边经过已知点。

四划：沿三角板过已知点的一边划出直线，这时所划直线就一定与已知直线平行。

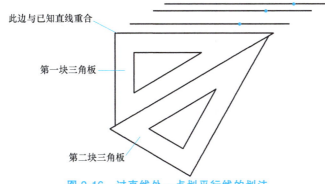

图 2-16　过直线外一点划平行线的划法

（2）垂直线的划法　可以利用直角尺划直线，其划法可以总结为："一靠""二移""三划"，如图 2-17 所示。

一靠：把直角尺的一条直角边靠在已知直线上。

二移：沿着直线移动直角尺，使直角尺的另一条直角边经过已知点。

三划：沿着直角尺的边线划出直线，这时所划直线就一定与已知直线垂直。

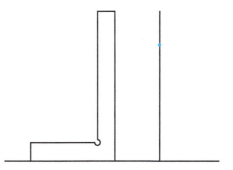

图 2-17　过直线外一点划垂直线的划法

2.5　实操训练

（1）训练目的　在 100mm×100mm×8mm 的板材上（材料为 45 钢）划 90mm×90mm 与 80mm×80mm 的两个矩形（允许误差 ±1mm），并用样冲打点，如图 2-18 所示。

（2）准备工具　100mm×100mm×8mm 板材（材料为 45 钢）、划线水、钢丝刷、金属直尺、直角尺、划针、样冲、锤子。

（3）划线步骤

1）用钢丝刷将板材表面上的灰尘、铁锈等擦除干净。

2）在板材的表面均匀涂一层划线水。

3）用金属直尺作测量工具，在板材的表面划 4 条短直线，4 条短直线间的距离为 90mm，如图 2-19 所示。

4）以金属直尺为导向工具，在板材上划一条直线，如图 2-20 所示。

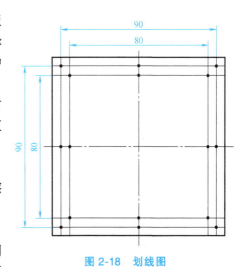

图 2-18　划线图

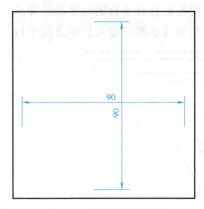
图 2-19 划 4 条短直线

图 2-20 划直线

5）使直角尺的一条边与已知直线重合，另一条边经过短直线，以此为导向工具，在板材上划两条直线，所划直线与第一条直线垂直，如图 2-21 所示。

6）再以直角尺为导向工具，划出第 4 条直线，此 4 条直线构成矩形，如图 2-22 所示。

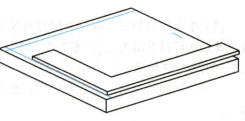
图 2-21 划两条垂直线

7）采用相同的方法，划出 80mm×80mm 的矩形，两个矩形对应边的间距为 5mm，如图 2-23 所示。

8）用样冲在矩形的 4 个顶点处以及 4 条边的中点附近打点，打点的深度为 0.5～1mm，或者所打点的口部大小为 1mm 左右。

9）在已完成划线的工件上用油笔写下"姓名+班级"，存放在老师指定的位置处。

（4）工件验收　验收内容见表 2-1。

图 2-22 划出第 4 条直线

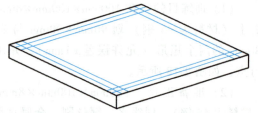
图 2-23 划出 80mm×80mm 的矩形

表 2-1 验收内容

序号	验收项目	合格	不合格
1	划线水是否均匀涂在工件表面		
2	划线的线条是否清晰、均匀		
3	所划的线条是否一次性划线		
4	矩形的尺寸是否在允许误差范围内		
5	两个矩形的 4 个角是否为直角		
6	两个矩形对应边的距离是否为 5mm		
7	所打点的深度或大小是否符合要求		
8	工作位置是否打扫干净		
9	所有工具是否摆放整齐		
10	工件是否已写上"姓名+班级"		

项目3

锯　　削

 教学目的

1）了解锯削工具。
2）了解手锯的结构。
3）了解台虎钳的应用。

掌握技能

1）掌握手锯锯削的方法。
2）掌握手锯锯条的安装方法。
3）掌握手锯锯削的基本要领。
4）锯削工件的夹持方法。

作业方法

1）独立完成。
2）交小组长检测，再交老师检测。

3.1 锯削基本知识

3.1.1 锯条的基本知识

（1）锯削的概念　用锯削工具做往复运动（如手锯）或旋转运动（如圆锯），把材料或工件切断或锯槽的加工方法称为锯削。

（2）锯削的类型　按照锯削工具的形状，可以分为弓锯、圆锯和带锯，如图3-1所示，本节主要讲述弓锯（手锯）的锯削。

（3）锯弓　手锯由锯弓和锯条两部分组成，锯弓的作用是使锯条张紧，锯弓的两端各有一个夹头。夹头上的销子插入锯条的安装孔后，可通过旋转翼形螺母来调节锯条的张紧程度。

根据构造不同，锯弓可分为固定式和可调式两种，如图3-2所示。固定式锯弓的锯架是整体的，只能装一种长度规格的锯条。可调式锯弓的锯架则分为前、后两段，前段套在后段内，可伸缩，能安装几种不同长度规格的锯条，灵活性强，常见的锯弓是可调式锯弓。

（4）锯条　锯条是用碳素工具钢（如T10或T12）或合金工具钢经热处理制成。锯条的切削部分由许多均布的锯齿组成，常用的锯条后角 $\alpha = 40° \sim 50°$，楔角 $\beta = 45° \sim 50°$，前角 $\gamma = 0°$，如图3-3所示，其中后角的作用是使切削部分具有足够的容屑空间，楔角的作用是

使锯齿具有一定的强度,以便获得较高的工作效率。

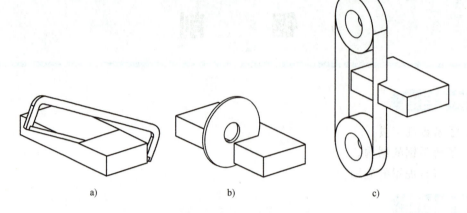

图 3-1　锯削的类型

a) 弓锯　b) 圆锯　c) 带锯

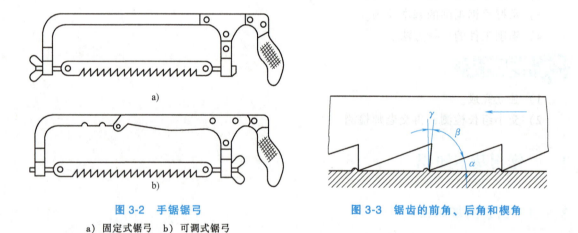

图 3-2　手锯锯弓

a) 固定式锯弓　b) 可调式锯弓

图 3-3　锯齿的前角、后角和楔角

锯条的规格以锯条两端安装孔间的距离来表示(长度有 150~400mm)。常用的锯条是长 300mm、宽 12mm、厚 0.8mm。

锯齿的粗细是按锯条上每 25.4mm 长度内的齿数来表示的,14~18 齿为粗齿,18~24 齿为中齿,24~32 齿为细齿。锯齿的粗细也可按齿距 t 的大小来划分,粗齿的齿距 $t=1.6$mm,中齿的齿距 $t=1.2$mm,细齿的齿距 $t=0.8$mm。

(5) 锯条粗细的选择　锯条的粗细应根据加工材料的硬度、厚薄来选择。

锯割较软的材料(如铜、铝合金等)或较厚的材料时,应选用粗齿锯条,因为锯屑较多,要求有较大的容屑空间。

锯割较硬材料(如合金钢等)或薄板、薄管时,应选用细齿锯条,因为材料硬,锯齿不易切入,锯屑量少,不需要大的容屑空间;锯较薄材料时,锯齿易被工件勾住而崩断,需要同时工作的齿数多,使单个锯齿承受的力减小。

锯割中等硬度材料(如普通钢、铸铁等)和中等厚度的工件时,一般选用中齿锯条。

(6) 锯齿的排列　锯条的锯齿按一定规则左右错开,排成一定的形状,称为锯路。锯路有交叉形和波浪形等,如图3-4所示。锯路的作用是使锯缝宽度大于锯条材料的厚度,使锯条在锯削时不会被锯缝夹住,以减少锯条与锯缝间的摩擦力,便于排屑,使锯割省力。

(7) 锯条的安装　在安装锯条时,应特别注意以下三个方面。

1) 锯条平面与锯弓平面共面。锯条安装后,要保证锯条平面与锯弓中心平面在同一平面内,不得倾斜和扭曲,否则,锯削时锯缝极易歪斜。

2) 锯齿朝前。由于手锯是在向前推进时进行切削,而向后返回时不起切削作用,所以在安装锯条时,要使齿尖的方向朝前,这样向前推切割金属时,工作平稳且用力方便,如果装反了,则锯齿前角为负值,就不能正常锯削,如图3-5所示。

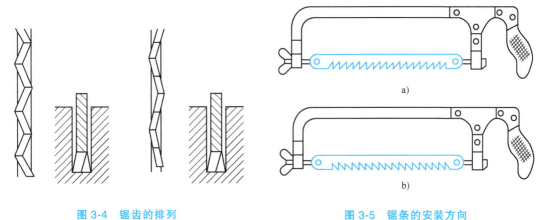

图3-4　锯齿的排列

图3-5　锯条的安装方向

a) 锯齿朝前,正确　b) 锯齿朝后,错误

3) 调节锯条的松紧。将锯条安装在锯弓后,可以通过调节翼形螺母来调整锯条的松紧程度,用手扳动锯条,以感觉硬实即可。锯条的松紧程度要适当,不能太紧,也不能太松。锯条张得太紧,会使锯条受张力太大,失去应有的弹性,以至于在工作时容易折断。而如果装得太松,又会使锯条在工作时易扭曲摆动,同样容易折断,且锯缝易发生歪斜。

(8) 手锯的握法　手锯握法为右手满握锯柄,左手轻扶在锯弓前端,如图3-6所示。

3.1.2　锯削操作

(1) 工件的高度　夹持工件的台虎钳高度要适中,应适合锯削时的用力需要。一般是从操作者的下颚到钳口的距离以一拳一肘的高度为宜,如图3-7所示。台虎钳高度太低,则操作者需要弯腰才能锯削,台虎钳高度太高,则操作者也不好用力,实训室的台虎钳高度一般为1.0~1.2m。

(2) 锯削站立姿势　锯削时右腿伸直,右脚掌与锯弓轴线成75°;左腿微微弯曲,左脚掌与锯弓轴线成30°;身体稍微向前倾斜,身体肩膀与锯削方向成45°;重心落在左脚上,两脚站稳不动,靠左膝不停地弯屈与伸直使身体做往复摆动;右手满握锯柄,左手轻扶在锯弓前端;在锯削的整个过程中,右手与锯弓始终保持在一条直线上,如图3-8所示。

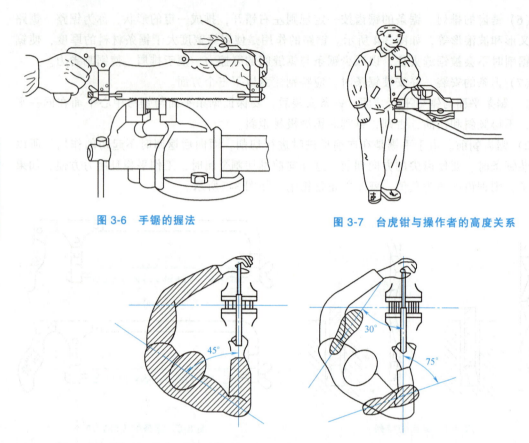

图 3-6 手锯的握法　　　　　图 3-7 台虎钳与操作者的高度关系

图 3-8 锯削站立姿势

（3）锯削操作姿势　锯削开始前，身体微微向前倾，与竖直方向约成10°，右肘尽量向后收，此时身体重量落在右腿上，如图 3-9a 所示；锯削开始后，左、右臂与身体的距离保持不变，右肩部协助用力往前送。随着锯削向前的行程增大，身体逐渐向前倾斜，身体重量逐渐向左腿转移，行程达到锯条长度的 2/3 时，身体倾斜达到 15°左右，此时身体重量完全

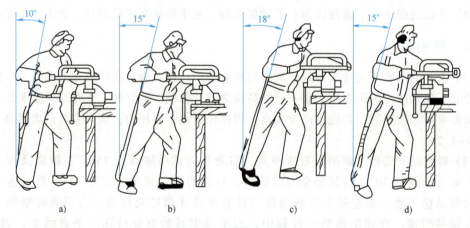

图 3-9 锯削操作姿势

a）起锯阶段　b）小于 2/3 行程阶段　c）达到 2/3 行程阶段　d）超过 2/3 行程阶段

落在左腿上，如图 3-9b 所示；当锯削最后 1/3 行程时，身体继续向前倾斜，同时左、右臂逐渐向前伸出，右臂用力推进锯弓，锯削行程结束时，身体倾斜约 18°左右，如图 3-9c 所示；锯削行程结束后，取消对锯弓向下的压力，右手轻轻向后拉回锯弓，手和身体都退回到最初位置，身体退回到 15°角位置，如图 3-9d 所示。

（4）锯削方式　锯削的方式有两种，一种是直线锯削，即锯弓前、后来回运动，适用于锯削薄形工件和直槽，如图 3-10a 所示；另一种是摆动锯削，即在前进时，锯弓向前下方运动，后退时，锯弓向后下方运动，操作自然省力，如图 3-10b 所示。锯断材料时，一般采用摆动锯削。不管是直线锯削还是摆动锯削，锯弓前进时，左、右手同时施加向下的压力，而后拉时，不需要施加压力。

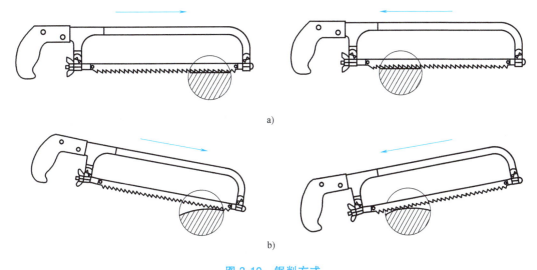

图 3-10　锯削方式
a）直线锯削　b）摆动锯削

（5）起锯方法　起锯的方式有两种，一种是从工件远离自己的一端起锯，如图 3-11a 所示，称为远起锯，此时锯条逐步切入材料，不易被卡住；另一种是从工件靠近操作者身体的一端起锯，如图 3-11b 所示，称为近起锯。如果近起锯方法掌握不好，锯齿会一下子切入较深，而易被棱边卡住，使锯条崩裂。因此，一般应采用远起锯的方法。

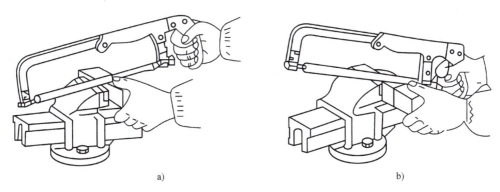

图 3-11　起锯方法
a）远起锯　b）近起锯

无论采用哪一种起锯方法，起锯角度 α 都要小些，一般为 15°，如图 3-12a 所示。如果起锯角 α 太小，会由于同时与工件接触的齿数过多而不易切入材料，锯条还可能打滑，使锯缝发生偏离，工件表面被拉出多道锯痕而影响表面质量，如图 3-12b 所示。起锯角 α 太大，锯齿易被工件的棱边卡住，使锯条崩裂，如图 3-12c 所示。

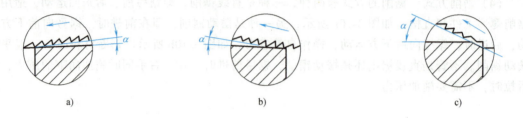

图 3-12 起锯角度

a) α=15° b) 起锯角太小，易打滑 c) 起锯角太大，锯条易崩裂

为了使起锯平稳，位置准确，可在起锯时用左手大拇指确定锯条位置，如图 3-13 所示。起锯时靠锯弓与锯条的自身重量锯削，不需要另外给锯弓施加压力，同时起锯时，锯削行程要短。

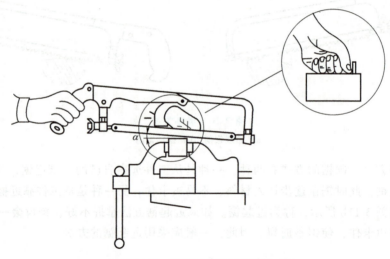

图 3-13 起锯时用大拇指定位

（6）锯削速度　锯削速度以每分钟往复 20~40 次为宜。速度过快，操作工人容易疲劳，反而会降低切削效率；速度太慢，效率不高。

（7）锯削往复长度　锯削时，不能只使用锯条的中间部分，而应尽量使用锯条的全部长度。为避免局部磨损，锯条的行程应不小于锯条长度的 2/3，这样既能提高锯削速度，又能延长锯条的使用寿命。

3.1.3　手锯的使用要求

（1）加润滑油　在锯削钢件时，可给锯条加润滑油，以减少锯条与锯割断面的摩擦，并能冷却锯条，既降低操作者的劳动强度，又延长锯条的使用寿命。

(2) 锯削用力要均匀　在锯削钢件时，用力要均匀，不要突然摆动过大、用力过猛，以防止工作时锯条折断，从锯弓上崩出伤人。

(3) 及时修补锯齿　当锯条局部几个齿崩裂后，应及时在砂轮机上进行修整，即将相邻的 2~3 齿磨低成凹圆弧，并把已断的齿部磨光，如不及时处理，会使崩裂齿的后面各齿相继崩裂。

(4) 锯削终了时，用力要缓　工件即将锯断时，用力要缓，避免压力过大使工件突然断开而造成事故。一般工件即将锯断时，要用左手扶住工件断开部分，避免掉下伤人。

(5) 锯削完毕后，应放松锯条　锯削完毕，应将锯条放松保存，卸除锯条的张紧力。但不要拆下锯条，防止锯弓上的零件失散，并将其妥善放好。

3.1.4　不同工件的锯削方法

(1) 棒料的锯削方法　锯削棒料时，如果要求锯出的断面比较平整，则应从一个方向起锯直到结束，称为一次起锯，如图 3-14a 所示。若对断面的要求不高，为减小切削阻力和摩擦力，可以在锯入一定的深度后再将棒料转过一定角度重新起锯。如此反复几次从不同方向锯削，最后锯断，称为多次起锯，如图 3-14b 所示的情形是 4 次起锯，显然多次起锯较省力。

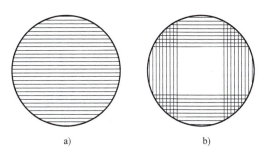

图 3-14　棒料的锯削
a) 一次起锯　b) 多次起锯

(2) 管件的锯削　若锯削管件，应使用两块木制 V 形或弧形槽垫块夹持管件，以防夹扁管件或夹坏管件表面，如图 3-15a 所示。锯削时不能仅从一个方向锯起，否则管壁易钩住锯齿而使锯条折断。正确的锯法是每个方向只锯到管件的内壁处，然后把管件转过一个角度后再起锯，且仍锯到内壁处，如此逐次进行直至锯断。在转动管件时，应使已锯部分沿推锯方向转动，否则锯齿也会被管壁钩住，如图 3-15b 所示。

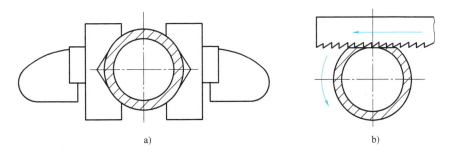

图 3-15　管件的锯削
a) 用 V 形块夹持管件　b) 沿推锯方向转动管件

(3) 薄板料的锯削　锯削薄板料时，为防止薄板料变形，可将薄板夹在两木垫或金属垫之间，连同木垫或金属垫一起锯削，这样既可避免锯齿被钩住，又可增加薄板的刚性，如图 3-16a 所示。但这样会增加锯削的工作量。另外，也可以将薄板料横向夹在台虎钳上，贴近台虎钳的口部横向同时斜向锯削，如图 3-16b 所示，就能使同时参与锯削的齿数增加，避免锯齿被钩住，同时能增加工件的刚性。

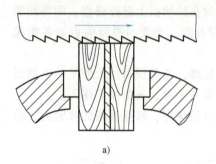 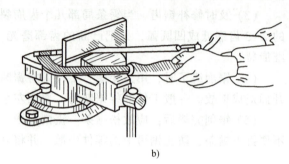

a) b)

图 3-16 薄板料的锯削

a) 夹住后锯削 b) 横向+斜向锯削

（4）深缝的锯削　当锯缝的深度超过锯弓高度时，称这种缝为深缝。在锯弓快要碰到工件时，如图 3-17a 所示，应将锯条拆出并转过 90°，横向安装锯条，如图 3-17b 所示；或把锯条的锯齿朝着锯弓背进行锯削，如图 3-17c 所示，使锯弓背不与工件相碰。

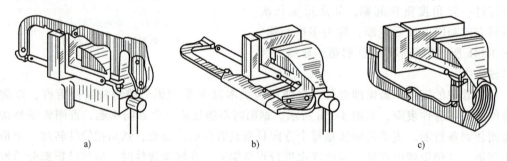

a) b) c)

图 3-17 薄板料的锯削

a) 锯弓碰到工件 b) 横向安装锯条 c) 锯弓朝下

3.1.5　锯削工件的装夹

1）台虎钳必须安装牢固，工件装夹必须夹紧，不能松动。

2）工件可以装夹在台虎钳的左侧，也可以装夹在台虎钳的右侧，没有明确的要求，主要是考虑操作者的习惯或考虑工件在装夹后，是否方便锯削。

3）工件伸出台虎钳的长度应尽量短，从而防止工件在锯削过程中产生振动。

4）工件的锯削线应尽量靠近钳口，能有效防止锯斜、锯歪。

5）一般情况下，工件的有效部分应安装在钳口以内，需去除部分应在钳口以外，以防止锯斜时，伤及有效部分。

3.1.6　锯削注意事项

1）锯条安装松紧要适度，以免锯条折断崩出伤人。

2）操作时应丁字步站立，右手握把，左手扶弓。

3）一般采用远起锯方式，而且起锯角度一般不大于15°。

4）锯削时，应尽量走满弓（用满全锯条），走锯速度均匀，杜绝冲击型的走锯。

5）前推时，右肩部协助用力往前送，回程时锯条轻轻滑回。

6）把持锯弓稳定，不能左右摇晃，随时纠正锯路，不能偏斜。

7）锯削过程中，在锯片上适当涂抹润滑油，可减少锯片与工件之间的摩擦力，减少操作者的劳动强度。

8）锯削将结束时，用力要趋缓，防止工件突然跌落，以免伤到人。

9）工件装夹时，锯削的位置离钳口的距离要尽量短，减小扭矩，防止工件振动。

10）当锯削较小的工件时，既要夹牢，又要防止工件变形。

3.2 实操训练

（1）训练目的　掌握锯条的安装方法，掌握锯削的姿势。

将上一项目完成划线的工件沿 90mm×90mm 矩形的边线进行锯削，锯成矩形。

（2）准备工具　锯弓、锯条、润滑油、台虎钳、钢丝刷。

（3）锯削步骤

1）检查钳工台上的台虎钳是否安装牢固，如发现台虎钳松动，请立即加固或报告老师，由老师加固后再进行下一步操作。

2）检查锯齿是否能正常锯削，如发现锯齿有损坏或磨损严重，影响正常锯削，应更换新锯条。

3）安装锯条，安装时锯齿朝前，并调整锯条的松紧，锯条不能偏紧或偏松。

4）需切除的部分位于钳口以外，锯削线（90mm×90mm 矩形的边线）尽量靠近钳口，距离不能超过 5mm，如图 3-18 所示。

5）按远起锯的方式起锯，并沿 90mm×90mm 矩形的边线锯削，在锯削过程中，锯缝不能接触到 80mm×80mm 的矩形线，如果锯缝即将接触 80mm×80mm 的矩形线，应立即重新起锯。

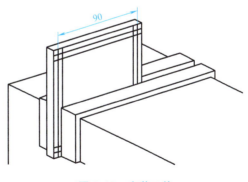

图 3-18　安装工件

6）锯削将结束时，用力要趋缓，防止工件突然跌落伤人。

7）在已锯削完成的工件上用油笔写上"姓名+班级"，存放在老师指定的位置处，以备下一项目使用。

8）打扫卫生，将所有工具存放在指定的位置。

（4）工件验收　验收内容见表 3-1。

表 3-1 验收内容

序号	验 收 项 目	合格	不合格
1	锯削时锯齿是否朝前		
2	握锯的姿势是否正确		
3	锯削时站立的姿势是否正确		
4	锯缝是否超过 80mm×80mm 的矩形线		
5	锯削完毕,是否将锯条放松保存		
6	工作位置是否打扫干净		
7	所有工具是否摆放整齐		
8	工件是否已写上"姓名+班级"		

项目 4

锉削（一）

教学目的

1）了解锉刀的种类。
2）了解锉刀的材料。

掌握技能

1）掌握锉削的基本要领。
2）锉削工件的夹持方法。
3）掌握锉削狭长平面的方法。
4）掌握工件垂直度的检测方法。

作业方法

1）独立完成。
2）交小组长检测，再交老师检测。

4.1 锉削的基本知识

（1）锉刀的材料　锉刀是用碳素工具钢 T12 或 T13 经热处理后，再将工作部分淬火制成的一种手工工具，硬度可达 62HRC 以上，锉刀的表面有许多细密纹路，主要用于修整工件表面。

（2）平锉刀的结构　平锉刀由锉刀面、锉刀边、铺锉纹、主锉纹、锉刀尾、锉刀舌、锉刀柄等组成，如图 4-1 所示，其中面齿和底面的长度称为锉刀的有效长度。

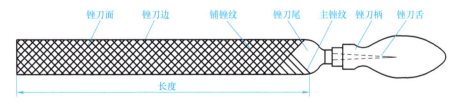

图 4-1　锉刀的结构

1）锉刀面。锉刀面是锉削的主要工作面，平锉刀有两个锉刀面，上下两面都制有锉齿，便于进行锉削。

2）锉刀边。锉刀边是指平锉刀的两个侧面。有齿的一边称为有齿边，主要用于除去工件表面的硬皮；没有齿的一边称为光边，它可使锉刀在锉削内直角的一个面时，不会锉伤相邻的面。有的锉刀两个锉刀边都是光边。

3) 锉刀舌和锉刀柄。锉刀舌嵌在锉刀柄内，锉刀柄的主要作用是方便操作工人操作挫刀，分木制锉刀柄和塑料锉刀柄两种。

4) 主锉纹。在锉刀工作面上起主要切削作用的锉纹称为主锉纹。

5) 辅锉纹。被主锉纹覆盖着的锉纹称为辅锉纹，起排屑作用，其齿纹方向与主锉纹交叉排列。

6) 边锉纹。锉刀窄边上的锉纹称为边锉纹。

7) 锉纹条数。锉刀轴线方向上每 10mm 长度内的锉纹数目称为锉纹条数。

(3) 锉刀的分类　根据用途不同，可以将锉刀分为钳工锉、异形锉和整形锉三大类。

1) 钳工锉。钳工锉也称为普通锉，是指锉削平面时使用的挫刀，按照锉身光坯锉身处的断面形状不同，又可以分为扁锉、方锉、三角锉、半圆锉、圆锉等，如图 4-2 所示。

扁锉　　方锉　　三角锉　　半圆锉　　圆锉

图 4-2　钳工锉的部分型式

2) 异形锉。异形锉主要用于锉削工件上特殊的表面，异形锉有齐头扁锉、尖头扁锉、半圆锉、三角锉、方锉、圆锉、单面三角锉、刀形锉、双半圆锉、椭圆锉共 10 种型式，部分型式样例，如图 4-3 所示。异形锉的强度比钳工锉低。

3) 整形锉。整形锉主要用于修理工件上的细小部分，尺寸较小，其型式有齐头扁锉、尖头扁锉、半圆锉、三角锉、方锉、圆锉、单面三角锉、刀形锉、双半圆锉、椭圆锉、圆边扁锉、菱形锉共 12 种，如图 4-4 所示。

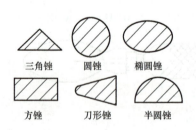

图 4-3　异形锉的部分型式样例

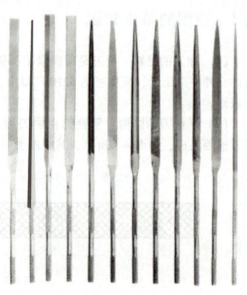

图 4-4　整形锉

(4) 锉刀的规格　钳工锉的规格用基本尺寸和锉身长度表示。不同种类的锉刀，其基本尺寸的内容也不相同，对方锉而言，锉刀的基本尺寸是指其宽度和厚度；对圆锉而言，锉刀的基本尺寸指其直径。锉身长度指的是从锉梢端至锉肩之间的距离，有 100~150mm、200~300mm、350~450mm 等规格。

异形锉和整形锉的规格是指锉刀的全长。

（5）锉刀锉纹的主要参数　锉刀锉纹的主要参数用锉纹号来表示，锉纹号是表示锉齿粗细的参数。

1）钳工锉。钳工锉的锉纹号用每 10mm 轴向长度内主锉纹的条数来表示，钳工锉的锉纹号分五种，分别为 1 号、2 号、3 号、4 号、5 号，锉纹号越小，锉齿越粗，见表 4-1。

表 4-1　钳工锉锉纹参数

规格/mm	每 10mm 轴向长度内主锉纹的条数				
	锉纹号				
	1	2	3	4	5
100	14	20	28	40	56
125	12	18	25	36	50
150	11	16	22	32	45
200	10	14	20	28	40
250	9	12	18	25	36
300	8	11	16	22	32
350	7	10	14	20	—
400	6	9	12	—	—
450	5.5	8	11	—	—

注：1 号为粗齿锉刀，2 号为中齿锉刀，3 号为细齿锉刀，4 号为双细齿锉刀，5 号为油光锉。

2）异形锉。异形锉的锉纹号共分为十种，分别为 00 号、0 号、1 号~8 号，序号越大，单位长度内的锉纹数越多，见表 4-2。

表 4-2　异形锉锉纹参数

规格/mm	每 10mm 轴向长度内主锉纹的条数									
	锉纹号									
	00	0	1	2	3	4	5	6	7	8
75	—	—	—	—	50	56	63	80	100	112
100	—	—	—	40	50	56	63	80	100	112
120	—	—	32	40	50	56	63	80	100	—
140	—	25	32	40	50	56	63	80	—	—
160	20	25	32	40	50	—	—	—	—	—
170	20	25	32	40	50	—	—	—	—	—
180	20	25	32	40	—	—	—	—	—	—

（6）锉刀选用原则

1）根据零件形状选用锉刀。根据被锉削零件的形状来选择锉刀的型式，如图 4-5 所示，使两者的形状相适应。锉削内圆弧面时，要选择半圆锉或圆锉（小直径的工件）；锉削内角表面时，要选择三角锉；锉削内直角表面时，可以选用扁锉或方锉等。选用扁锉锉削内直角表面时，要注意使锉刀没有齿的窄面（光边）靠近内直角的一个面，以免碰伤该直角表面。

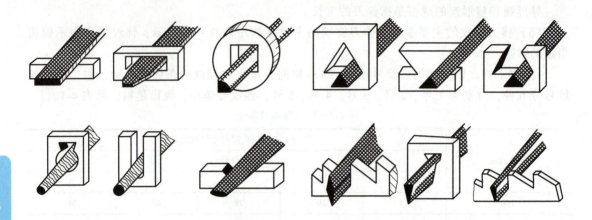

图 4-5　根据被锉削零件的形状选择不同的锉刀

2）根据加工余量选用锉刀。在使用锉刀锉削时，应根据工件的锉削量、尺寸精度、材料性质和表面粗糙度的大小选择不同的锉刀。粗齿锉刀适用于加工大余量、尺寸精度低、几何公差大、表面粗糙度数值大、材料软的工件；反之应选择细齿锉刀，见表 4-3。

表 4-3　按加工余量选用锉刀

锉纹号	适用工件		
	加工余量/mm	加工精度/mm	表面粗糙度 $Ra/\mu m$
1号（粗齿锉刀）	>0.5	0.2~0.5	100~25
2号（中齿锉刀）	0.3~0.5	0.05~0.2	25~12.5
3号（细齿锉刀）	0.2~0.3	0.02~0.05	12.5~6.3
4号（双细齿锉刀）	0.1~0.2	0.01~0.02	6.3~1.6
5号（油光锉刀）	<0.1	<0.01	1.6~0.8

3）根据工件大小选用锉刀。锉刀尺寸规格应根据被加工工件的尺寸和加工余量来选用。加工尺寸大、余量大时，要选用大尺寸规格的锉刀，反之要选用小尺寸规格的锉刀。

4）根据工件材质选用锉刀。锉刀齿纹要根据被锉削工件材料的性质来选用。锉削铝、铜、软钢等软材料工件时，最好选用单齿纹（铣齿）锉刀。单齿纹锉刀前角大，楔角小，容屑槽大，切屑不易堵塞，切削刃锋利。

(7) 锉刀的保养方法　合理使用和正确保养锉刀，能延长锉刀的使用寿命，提高工作效率，降低生产成本。因此应注意下列问题。

1）为防止锉刀过快磨损，不要用锉刀锉削毛坯件的硬皮或工件的淬硬表面，而应先用其他工具或用锉刀前端、边齿将硬皮或工件的淬硬表面清除后，再进行锉削。

2）锉削时应先用锉刀的同一面，待这个面磨钝后再用另一面，因为使用过的锉齿易发生锈蚀，若锉刀两面同时使用会缩短锉刀的使用寿命。

3）锉削时要充分使用锉刀的有效长度，以避免锉刀局部磨损。

4）不能用锉刀作为装拆、敲击或撬物的工具，防止因锉刀材质较脆而折断。

5）用整形锉和小锉刀时，用力不能太大，防止锉刀变形或折断。

6）锉刀要防水、防油。沾水后的锉刀易生锈，沾油后的锉刀在工作时易打滑。

7）锉削过程中，若发现锉纹上嵌有切屑，要及时用钢丝刷或铜片顺着锉纹刷掉残留切屑，以免切屑堵塞锉齿，如图4-6所示。

8）锉刀用完后，同样也要用钢丝刷或铜片顺着锉纹刷掉残留切屑，以防生锈。

9）千万不可用嘴吹切屑，以防切屑飞入眼内。

10）放置锉刀时要避免与硬物相碰，避免锉刀与锉刀重叠堆放，防止损坏锉齿。

（8）锉刀的握法　锉削不仅是一个非常精细的工作，同时也是一个非常

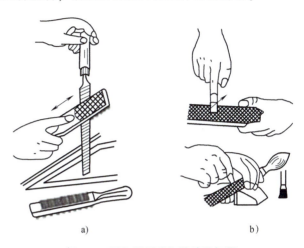

图4-6　用钢丝刷或铜片清除切屑
a）用钢丝刷清除切屑　b）用铜片清除切屑

消耗体力的工作，正确的锉刀握法不但能加工出符合要求的工件，而且也能节省体力。锉刀的握法随锉刀规格和加工对象的不同而有所区别。锉刀的握法见表4-4。

表4-4　锉刀的握法

锉刀类型	右手	左手	示　意　图
大锉刀	先将锉刀手柄的尖端顶在手掌的大拇指根部，然后大拇指由下而下，其他手指由下而上，紧紧握住手柄	左手掌放在锉刀尾部的下方，五指弯曲压住锉刀，食指、中指和无名指抵住锉刀头部	右手握法　　左手握法
		左手掌斜放在锉刀上，五指自然伸出	
		左手掌斜放在锉刀头部，各手指自然伸出	
中型锉	同上	左手大拇指和食指捏住锉刀头部	

(续)

锉刀类型	右手	左手	示意图
小型锉	大拇指和中指捏住锉刀手柄,食指伸直扶在手柄外侧	左手的食指、中指、无名指压住锉刀与工件接触的位置,防止锉刀弯曲	
整形锉	右手单手握住锉刀手柄,大拇指与中指、食指捏住锉刀手柄,食指压住锉刀上方		
异形锉	大拇指和中指捏住锉刀手柄,食指伸直扶在手柄外侧	左手五指握住右手的外手背,同时小指勾住锉刀	

(9) 工件的装夹 锉削前,工件一般是装夹在台虎钳上,如果装夹不合理,将会直接影响到锉削的质量。装夹工件时,应注意以下几个方面。

1) 工件尽量夹持在台虎钳钳口宽度方向的中间,以保证夹紧力作用在工件的中心位置。

2) 锉削面应靠近钳口,不可离钳口距离太远,以防锉削时工件产生振动。

3) 锉削面应尽量水平放置。

4) 装夹力的大小应适当,不能太松,也不能太紧。如果太松,工件容易移动;如果太紧,工件容易被压变形。

5) 装夹已加工表面和精密工件时,应在台虎钳钳口衬上纯铜皮或铝皮等软的衬垫,以防夹伤工件表面。

(10) 锉削姿势 锉削时,右脚掌与锉刀前进方向成75°,左脚掌与锉刀前进方向成30°;身体腰部稍微向前弯曲,身体肩膀与台虎钳钳口方向成45°,如图4-7所示。

(11) 锉削动作

1) 锉削开始前,将锉刀放在工件上面,锉刀平面与工件锉削面的夹角为0°。两手握住锉刀,左臂弯曲,右小臂要与工件锉削面的前后方向保持基本平行,身体重心在右腿上,身体稍微向前倾斜,倾斜角度约为10°,如图4-8a所示。

2) 锉削时,身体与锉刀一起向前,右脚伸直并稍向前倾,重心逐渐向左脚转移,左膝部呈弯曲状态,如图4-8b所示。

3) 当锉刀锉至约3/4行程时,身体的倾斜角度约为18°,身体停止前进,两臂继续引导锉刀向前锉,重心完全在左腿上,如图4-8c所示。

4) 锉削行程结束后,左脚自然伸直,

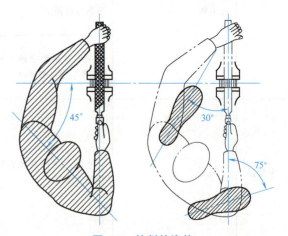

图4-7 锉削的姿势

身体重心向后转移,逐渐转移到右腿上,身体恢复原位,倾斜角约为15°,并顺势将锉刀收回,如图 4-8d 所示。

5)当锉刀收回将近结束时,身体又开始先于锉刀前倾,开始第二次锉削动作。

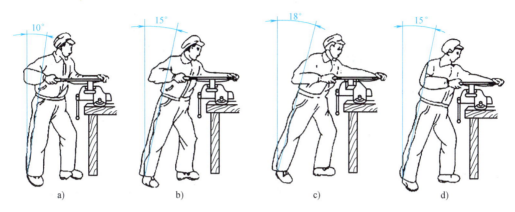

图 4-8 锉削动作

(12)合理使用锉削力 进行锉削时,锉刀必须做直线运动才能锉出平直的平面,因此,锉削时两只手对锉刀施加的压力应根据握锉刀的位置进行调整。锉削开始时,右手离工件远,而左手离工件近,因此,右手的压力小,左手的压力大。但随着锉刀推动,右手离工件越来越近,而左手离工件越来越远,因此右手的压力逐渐增加,左手的压力逐渐减小。回程时不要加压力,锉刀稍微提起一点离开工件表面,能使工件表面的锉削纹理整齐平直。

(13)锉削速度 锉削速度应根据操作工人的体力来决定,体力好的人,锉削速度可以快一些,一般应在 40 次/min 左右,推出时稍慢,回程时稍快,动作要自然,要协调一致。

(14)平面的锉削方法 平面的锉削方法有顺向锉、交叉锉和推锉三种。

1)顺向锉。锉刀的运动方向与工件的夹持方向始终一致,如图 4-9 所示。每次退回锉刀时应在横向适当移动。顺向锉的锉纹整齐一致,比较美观,精锉时常采用顺向锉。

2)交叉锉。当工件表面凸凹不平时,应采用交叉锉的方式,如图 4-10 所示,首先将工件上凸凹不平的表面进行初步锉削,以提高工作效率。当锉削余量不多时,再改用顺向锉,使锉纹方向一致,得到较光滑的表面。

3)推锉。当锉削狭长平面、圆弧面或采用顺向锉受阻时,可采用推锉,如图 4-11 所

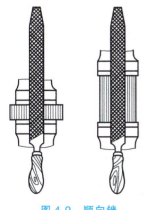

图 4-9 顺向锉

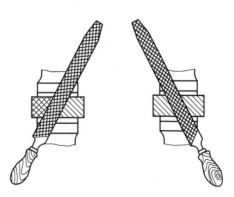

图 4-10 交叉锉

示。推锉时的运动方向不是锉齿的切削方向,且不能充分发挥手的力量,故切削效率不高,只适用于锉削余量小的场合。

图4-11 推锉

无论采用顺向锉还是交叉锉,都应在每次抽回锉刀时向旁边做侧向移动,移动距离大约为锉刀宽度的3/4,使整个平面轮流受到锉削,严禁在同一位置反复锉削,如图4-12所示。

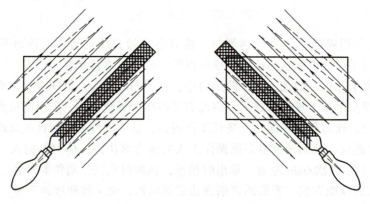

图4-12 一边锉削,一边侧向移动

(15)锉削工件的检验方法 锉削工件的过程中,应经常检测工件的垂直度和平面度。

1)垂直度检测方法。垂直度检测是检测工件两相邻侧面是否垂直。检测方法是先将直角尺尺座的测量面紧贴工件基准面,然后从上向下轻轻移动,使直角尺尺瞄的测量面与工件的被测表面接触,如图4-13a所示。目光平视,最好是由室内通过窗户往室外观察其透光情况,或者由暗处往灯光处观察其透光情况,以此来判断工件被测表面与基准面是否垂直。检查时,直角尺不可斜放,如图4-13b所示,否则检查结果不准确。

2)平面度检测方法。平面度是指被测实际表面对其理想平面的变动量。平面度的检测方法有许多种,常见的方法有两种,一种是用透光检测法,一种是外卡钳检测法。

① 透光检测法是指当锉削工件的表面较小时,将标准件的刀口位放在锉削工件的表面,通过透光法来检查。检查时,刀口形直尺应垂直放在工件表面上,如图4-14a所示,并在加工面的纵向、横向、对角方向多处逐一进行检验,如图4-14b的虚线位置,根据误差的大小确定各方向的平面度误差,如图4-14c所示。

② 外卡钳检测法。外卡钳是一种用来测量圆柱体的外径、物体长度或厚度的工具,如图4-15所示。用外卡钳测量时,外卡钳的一只卡脚要始终抵住工件基准面,然后对着窗户或灯管,由暗处向明处观察另一只卡脚测量面与被测表面的透光情况,如图4-16所示。

项目4 锉削（一）

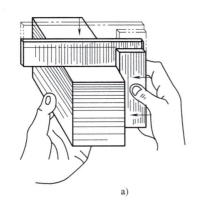 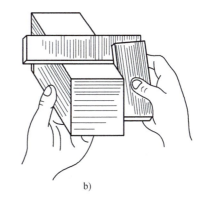

a) b)

图 4-13 垂直度检测方法

a）正确 b）错误

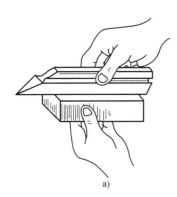 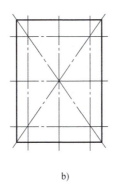 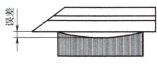

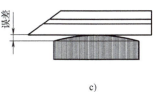

a) b) c)

图 4-14 透光检测法

a）刀口形直尺垂直放在工件表面 b）虚线为检测位置 c）确定误差大小

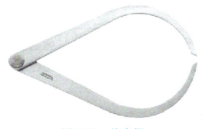

图 4-15 外卡钳

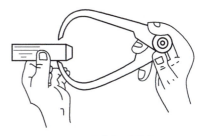

图 4-16 外卡钳测量方法

4.2 实操训练

（1）准备工具 上一项目锯削的工件、大锉刀、中锉刀、小锉刀、整形锉、异形锉、直角尺和钢丝刷。

（2）训练目的 掌握推锉和顺向锉的锉削方式；掌握直角尺的使用方法；锉削 80mm×80mm 矩形边线，使工件的 4 条边互相垂直，且 4 条边平整。

(3) 锉削步骤

1) 检查钳工台上的台虎钳是否安装牢固,如发现台虎钳松动,请立即加固或报告老师,由老师处理。

2) 用钢丝刷清理工件表面,将工件表面的垃圾、铁锈和切屑清理干净。

3) 将工件装夹在台虎钳的中间位置,80mm×80mm 矩形边线与台虎钳钳口部平行,且高出台虎钳平面 4~5mm,并夹紧,如图 4-17 所示。

4) 用推锉或顺向锉的方式,先用大锉刀沿 80mm×80mm 矩形的边线锉削,在锉削过程中,不能越过 80mm×80mm 的矩形线。

5) 即将接近 80mm×80mm 矩形的边线时,再锉削矩形的另一条边,直到锉完 4 条边。

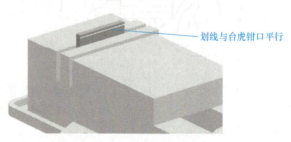

图 4-17　工件的装夹方式

6) 用直角尺对工件的 4 个角进行检测,从室内对着窗户往室外观察或对着灯光观察,检测工件的透光情况,主要是检查工件的 4 个角是否成直角,同时检测工件的侧边是否平整。

7) 改用小锉刀对 4 个角中不成直角的或对凸、凹不平的侧边进行修整,并用直角尺进行检测,直到 4 个角成直角且 4 条边平整为止。

8) 在已锉好的工件上用油笔写上"姓名+班级",存放在老师指定的位置处,供下一项目锉削平面时使用。

9) 打扫卫生,并将所有工具分别存放在指定的位置。

(4) 工件验收　验收内容见表 4-5。

表 4-5　验收内容

序号	验 收 项 目	合格	不合格
1	锉削是否超过 80mm×80mm 的矩形线		
2	用直角尺检查工件的 4 边是否为直角		
3	用直角尺检查工件的 4 条边是否平整		
4	工作位置是否打扫干净		
5	所有工具是否摆放整齐		
6	工件是否已写上"姓名+班级"		

项目5

锉削（二）

教学目的
1) 了解平面度检测工具。
2) 了解红丹合模油的使用方法。

掌握技能
1) 掌握锉削大平面的基本要领。
2) 掌握了解平面度、垂直度的检测方法。
3) 掌握利用红丹合模油检测法检测工件平面度的方法。

作业方法
1) 独立完成。
2) 交小组长检测，再交老师检测。

5.1 平面度的检测

(1) 校准工具　校准工具也称为研具，是用来合磨研点和检验工件加工面准确性的工具，常用的有以下几种。

1) 标准平板。标准平板如图 5-1 所示，主要用来检验较宽的平面，其面积尺寸有多种规格。选用时，标准平板的面积应比工件的面积大。

2) 标准平尺。标准平尺主要用来检验狭长的平面。常用的有桥形平尺和 I 字形平尺两种，如图 5-2a、b 所示。

桥形平尺主要用来检验机床较大导轨的直线度。I 字形平尺分单面和双面两种。单面 I 字形平尺的一面经过精锉，精度较高，常用来检验机床较短导轨的直线度；双面 I 字形平尺的两面都经过精锉并且互相平行，常用来检验狭长平面相对位置的准确性。

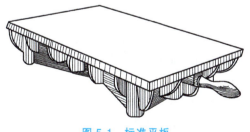

图 5-1　标准平板

3) 角度平尺。角度平尺如图 5-2c 所示，主要用来校验两个锉削面成角度的组合平面，如燕尾导轨的角度等。角度平尺的两基准面经过精锉，并成所需的标准角度，如 55°、60°等。第三面只是作为放置时的支承面，所以不必经过精密加工。

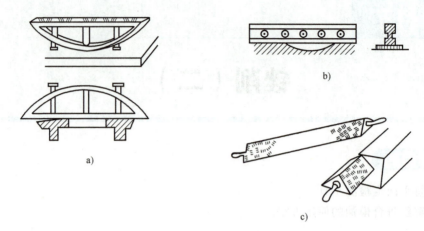

图 5-2 校准平尺和角度平尺
a）桥形平尺 b）I字形平尺 c）角度平尺

（2）显示剂 工件和校准工具对研时，所加的涂料称为显示剂，其作用是显示工件误差的位置和大小。常用的显示剂是红丹合模油（氧化铁或氧化铅加全损耗系统用油调制）或蓝油（普鲁士蓝与蓖麻油或全损耗系统用油调制），红丹合模油如图 5-3 所示。

红丹合模油是专门用于检查零件之间的间隙是否均匀的油状物，类似于盖章用的印油。红丹合模油有比较好的附着力，而且容易均匀地涂抹在工件表面，因此钳工主要用它来检测不同零件之间的密合是否有缺陷。

（3）显点 每次加工前，为了辨明工件误差的位置和程度，需要在精密的平板、平尺、专用检具或与工件相配合的偶件表面涂一层很薄的显示剂（也可涂在工件上），然后与工件合在一起对研（来回摩擦），对研后，工件表面的凸点便会清晰地显示出来，这个过程称为显点。

图 5-3 红丹合模油

显点后将显示出的凸起部分用锉刀锉去。经过反复地显点和锉削，可使工件表面的显示点数逐步增多并均匀分布，这表示表面的平面度误差在逐步减小。这种采用锉削方法，使两个配合件的配合表面达到规定的配合要求，称为锉配。

（4）对研加工 对研加工，就是在两个相互配合的工件之间加入研磨剂，通常先在低速空载下相互研磨（即来回摩擦），然后再加速加压（通过控制载荷来控制压力）进行研磨。

（5）红丹合模油的使用方法

1）先用抹布将钳工台表面擦干净，再在钳工台表面的某个区域涂上一层薄薄的红丹合模油，涂红丹合模油的区域应比工件稍大，如图 5-4 所示。

2）将工件覆盖在涂了红丹合模油的钳工台表面，如图 5-5 所示。

3）工件与钳工台做前后、左右的相对移动，使它们之间的表面充分接触。

4）拿起工件，查看工件平面上的红丹合模油是否均匀分布，如图 5-6 所示。

5）如果工件表面的红丹合模油分布不均匀，表示锉削平面的平面度误差较大，需用小锉刀、整形锉或异形锉加工有红丹合模油的位置。

项目5 锉削（二）

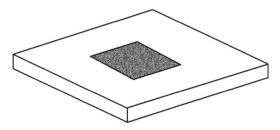

图 5-4 在钳工台表面涂一层红丹合模油

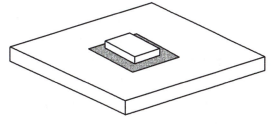

图 5-5 工件放在钳工台表面

6）将红丹合模油显示出的凸起部分锉去后，再重复上述步骤。

7）如果工件表面的红丹合模油分布均匀，表示锉削平面的平面度误差较小。

（6）显点的方法

1）中、小型工件的显点。中、小型工件的显点一般是标准平板固定不动，工件在平板上推研。如果工件被锉面小于平板面，推研时最好不超出标准平板；如果工件表面等于或稍大于平板面，如图5-7所示，允许工件超出标准平板，但超出部分应小于工件长度的1/3，还应在整个标准平板上推研，以防止标准平板局部磨损。

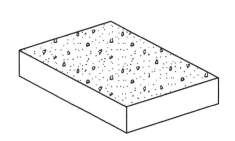

图 5-6 查看工件上的红丹合模油是否均匀分布

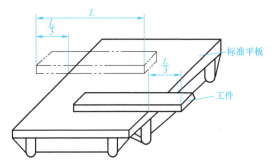

图 5-7 中、小型工件的显点方式

2）大型工件的显点。大型工件的显点是将工件固定，平板在标准工件的被锉面上推研，采用水平仪与显点相结合来判断被锉面的误差。推研时，平板超出工件被锉面的长度应小于平板长度的1/5。

3）质量不对称工件的显点。质量不对称工件的显点，推研时应在工件某个部位托或压，如图5-8所示，但用力的大小要适当、均匀。显点时还应注意，如果两次显点有矛盾，应分析原因。如果显点里多外少或里少外多，若不做具体分析，仍按显点锉削，那么锉出来的表面很可能中间凸出，因此压和托用力要得当，才能反映出正确的显点。

4）薄板工件的显点。薄板工件厚度薄、刚性差、易变形，所以只能靠自重在平板上推研，即使用手按住推研，也要使力均匀分布在整个薄板上，以反映出正确的显点。否则，往往会出现中间凹的情况。

（7）平面度的检查 对工件平面的质量要求，一般包括几何精度、尺寸精度、接触精度及贴合程度、表面粗糙度等。根据工件的工作要求不同，检查

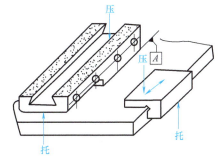

图 5-8 质量不对称工件的显点

平面度的方法主要有下列几种：

1）以显点数目来表示。这种方法是以边长为 25mm 的正方形内含显点数目的多少来表示，如图 5-9 所示。一般连接面要求有 5~8 点；一般导轨面要求有 8~16 点；平板、平尺等检具的表面和滑动配合的精密导轨面要求有 16~25 点；某些高精度测量工具的表面要求有 25~30 点。不同精度表面的显点数见表 5-1。

表 5-1 不同精度表面的显点数

平面种类	显点数目
一般连接面	5~8
一般导轨面	8~16
精密导轨面	16~25
高精度测量工具的表面	25~30

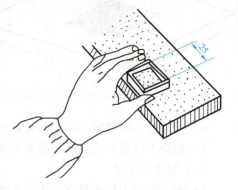

图 5-9 以边长为 25mm 的正方形内显点数目来表示

2）用水平仪检查。工件大范围平面内的平面度以及机床导轨面的直线度等，可用方框水平仪检查，如图 5-10 所示。同时其接触精度应符合规定的技术要求。有些精度较低的机件，其配合面之间的精度可用塞尺来检查。

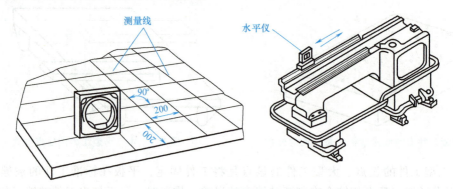

图 5-10 用水平仪检查平面度

3）用指示表检查。将工件和指示表放在钳工台上，指示表的底座用磁铁固定，指针接触工件表面，在钳工台面上拖动工件，观察指示表指针的跳动情况，如图 5-11 所示。

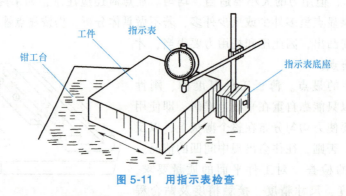

图 5-11 用指示表检查

（8）垂直度的检查 将工件与直角尺（或其他基准件）摆放在钳工台上，再将工件水平靠拢直角尺或标准件,如图 5-12 所示,用塞尺检查两者之间的间隙。

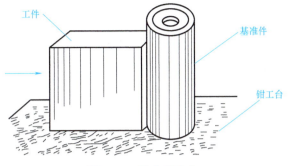

图 5-12 检查垂直度

(9) 精度检测的注意事项 每次锉削推研时,应注意清洁工件表面,不能让杂质附着在研合面上,以免造成研合面无法正常研合,或者划伤研合面。研合时,应用力均匀,避免猛推,防止研合失真。

5.2 实操训练——锉平面

(1) 训练目的 对一项目锉削的工件 (80mm×80mm) 表面进行锉削并检测平面度。

(2) 准备工具 大锉刀、中锉刀、小锉刀、整形锉、异形锉、直角尺、钢丝刷、红丹合模油 (如果没有红丹合模油,可以用盖章用的印油代替)。

(3) 锉削方法 由于工件的宽度远大于锉刀的宽度,不适合采用推锉的方法,而是采用交叉锉或顺向锉的锉削方式,并且每完成一次锉削,抽回锉刀时,都必须同时侧向移动,侧向移动距离约为锉刀宽度的 3/4。

(4) 锉削 80mm×80mm 平面的步骤

1) 检查钳工台上的台虎钳是否安装牢固,如发现台虎钳松动,请立即紧固或报告老师,由老师处理。

2) 用钢丝刷清理工件表面,将工件表面的垃圾、铁锈和切屑清理干净。

3) 将工件装夹在台虎钳的中间位置,并用力夹紧。适当调整工件,使工件与台虎钳口部平行,如图 5-13 所示。

4) 先用大锉刀锉削 80mm×80mm 矩形平面,在锉削过程中,如发现工件歪斜,应立即纠正。

5) 在锉削过程中,必须轮流锉削整个平面,即每锉一刀,锉刀应侧向移动锉刀宽度的 2/3 的距离,不能只锉削平面的某个位置,如图 5-14 所示。

6) 工件表面上的黑皮被全部锉削去除之后,利用红丹合模油检测平面度。先在钳工台上涂一层薄薄的红丹合模油,再把锉削后的工件盖在红丹油上,稍做平移,使工件与钳工台表面充分接触,然后检查锉削平面上的红丹油是否均匀分布。

7) 如果不是均匀分布,则用整形锉或异形锉重点锉削有红丹油的位置,然后再重新检测平面度。

8) 当红丹合模油分布基本均匀时,改用小锉刀对工件局部位置进行修整,直到显点分

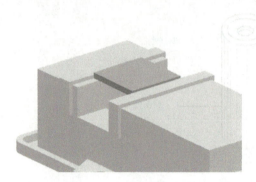
图 5-13 工件的装夹方式

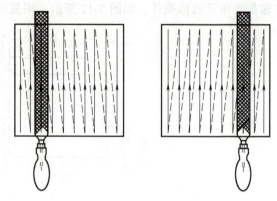
图 5-14 一边锉削,一边侧向移动

布均匀。

9) 用外卡钳检测工件各个位置的厚度是否均匀,如发现厚度不均匀,则需要重点锉削厚度较厚的位置。

10) 在锉削好的工件上用油笔写上"姓名+班级",存放在老师指定的位置处。

11) 打扫卫生,将锉削产生的垃圾和所有工具分别存放在指定的位置。

(5) 工件验收　验收内容见表 5-2。

表 5-2　验收内容

序号	验 收 项 目	合格	不合格
1	锉削时,台虎钳是否牢固、可靠		
2	锉削时,工件是否夹紧、稳定		
3	锉削姿势是否正确		
4	锉削平面上的显点是否分布均匀		
5	用外卡钳测量工件各个位置的厚度是否相同(如果没有外卡钳,也可以用高度游标卡尺测量)		
6	工作位置是否打扫干净		
7	所有工具是否摆放整齐		
8	工件是否已写上"姓名+班级"		

项目6

刮　　削

 **教学目的**

1）了解刮削工具。
2）认识基本测量工具。

 **掌握技能**

掌握刮削工具的使用方法。

 **作业方法**

1）独立完成。
2）交小组长检测，再交老师检测。

6.1　刮削的基本概念

（1）刮削　将工件与标准工具或与其配合的工件之间涂上一层显示剂（一般是红丹合模油），经过对研，使工件上较高的部位显示出来，然后用刮刀对较高部位进行微量切削，刮去较高部位的金属层，经过这样反复地对研和刮削，使工件达到正确的形状和精度要求的加工过程，称为刮削。

刮削是提高工件表面形状精度、改善配合表面间接触状况的钳工作业。刮削属于精加工，刮削前，工件表面应先经粗切削（比如铣削、锉削等）加工，刮削余量为 0.05～0.4mm。刮削是机械制造和修理中最终精加工各种型面（如机床导轨面、连接面、轴瓦、配合球面等）的一种重要方法。

刮削的作用是提高互动配合零件之间的配合精度和改善存油条件，刮削运动的同时，工件与工件之间的研磨挤压对工件表面的硬度有一定的提高，刮削后留在工件表面的细小凹坑可储存润滑油，从而使用配合工件在往复运动时有足够的润滑，不致因过热而引起拉毛现象。

（2）刮削工具　刮削工具可以分为平面刮刀和曲面刮刀两类。常用的平面刮刀有直头刮刀和弯头刮刀两种，曲面刮刀有三角刮刀、蛇头刮刀和柳叶刮刀，如图 6-1 和图 6-2 所示。

刮刀一般用碳素工具钢、轴承钢或弹簧钢制造，后端装有木柄，刀体部分淬硬到 60HRC 左右，刃口经过研磨后即可进行刮削加工，刀口磨损后可进行复磨。

刮削一般平面时选用长条形的刮刀，刮削回转面是一般用三角刮刀。刮削的同时要分时段对刮削部分测量几何公差，同时注意研点要求，即将接近公差标准时注意提高刮研点数，在达到精度要求时，研点数也要同时达到检验要求，才算成功刮削。

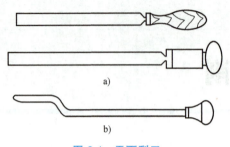

图 6-1 平面刮刀

a) 直头刮刀　b) 弯头刮刀

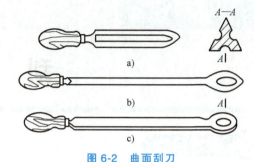

图 6-2 曲面刮刀

a) 三角刮刀　b) 蛇头刮刀　c) 柳叶刮刀

刮削工作所用的工具简单，且不受工件形状和位置以及设备条件的限制；同时，它还具有切削量小、切削力小、产生热量小、装夹变形小等特点，能获得很高的几何精度、尺寸精度、接触精度以及较小的表面粗糙度值，所以广泛应用于机械制造以及工具、量具制造或修理中。

（3）刮削的种类　刮削一般由钳工手持刮刀操作，有平面刮削和曲面刮削两种方法。

1) 平面刮削。平面刮削按加工量的大小可以分为粗刮、细刮、精刮、刮花等。按刮削操作动作可以分为推刮和拉刮两种。推刮主要依靠臂力和胯部的推压作用，切削力较大，适用于大面积的粗刮和半精刮。拉刮仅依靠臂力加压和后拉，切削力较小，但刮削长度容易控制，适用于精刮和刮花。

2) 曲面刮削。曲面刮削包括内圆柱面刮削、内圆锥面刮削、球面刮削等，曲面刮削时用腕力控制曲面刮刀，使侧切削刃顺着工件曲面刮削。

（4）平面刮削姿势　平面刮削的姿势有手刮法和挺刮法两种。

1) 手刮法。刮削时右手握住刮刀刀柄，左手四指向下蜷曲握住刮刀近头部约 50mm 处，刮刀和刮面成 25°~30°，如图 6-3 所示。

左脚前跨一步，上身随着推刮而向前倾斜，以增加左手压力，且便于看清刮刀前面的研点情况。右臂利用上身摆动使刮刀向前推进，在推进的同时，左手下压，引导刮刀前进，当推进到所需距离后，左手迅速提起，这样就完成了一个手刮动作。这种刮削方法动作灵活、适应性强，可应用于各种工作位置，对刮刀长度要求不太严格，姿势可合理掌握，但操作人员较易疲劳，故不宜在加工余量较大的场合采用。

图 6-3 手刮法

2) 挺刮法。刮削时将刮刀刀柄放在小腹右下侧，双手握住刀身，左手在前，大拇指在上，其余四指弯曲，自然地握住刀身，握于距切削刃约 80mm 处；右手在后，大拇指伸直，按住刀柄，其余四指从下往上握住刀柄，如图 6-4 所示。

刮削时切削刃对准刮削点，左手下压，利用腿部和臀部的力量将刮刀向前推进，当刮刀推进到所需距离后，双手迅速将刮刀提起，这样就完成了一个挺刮动作。由于挺刮法用下腹

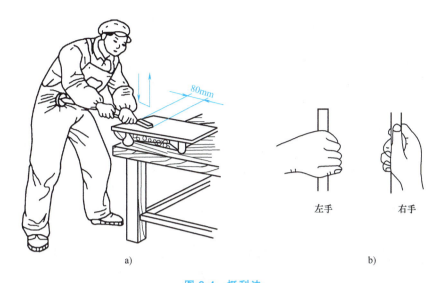

图 6-4 挺刮法
a) 站立姿势 b) 握刀姿势

肌肉施力,每刀切削量较大,所以适用于大余量的刮削,工作效率较高,但需要弯曲身体操作,故腰部易疲劳。

(5) 曲面刮削姿势 曲面刮削一般是用三角刮刀刮削曲面。刮削时,三角刮刀应在曲面内做螺旋运动。曲面刮削姿势可以分为内曲面刮削姿势和外曲面刮削姿势。

1) 内曲面刮削的姿势分为两种。

① 右手握住刮刀刀柄,左手掌心向下,四指横握刀身,拇指抵住刀身,左右手同时做圆弧运动,并且使刮刀做后拉或前推的运动,刀轨与曲面成45°角,且交叉运行,如图6-5所示。

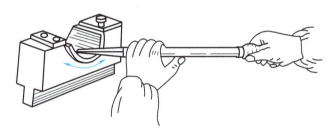

图 6-5 内曲面刮削姿势(一)

② 将刮刀柄放在右手臂上,双后握住刀身进行刮削,刀轨与曲面成45°角,刮削时,动作和刮刀运动轨迹与第一种姿势相同,如图6-6所示。

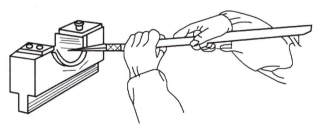

图 6-6 内曲面刮削姿势(二)

2) 外曲面刮削姿势。刮削外曲面的握刀姿势与刮削内曲面的握刀姿势相同，但刮刀面与工件端面倾斜约 30°，也应交叉刮削。

(6) 刮削步骤　刮削可按粗刮、细刮、精刮和刮花四步骤进行。

1) 粗刮。在工件表面还留有较深的加工刀痕，工件表面严重生锈或刮削余量较多（如 0.2mm 以上）的情况下，都要进行粗刮。当粗刮到边长为 25mm 的矩形面积内有 3～4 个显点，且显点的分布比较均匀时，粗刮即告结束。

2) 细刮。细刮是在粗刮的基础上用细刮刀进一步改善工件表面平面度，刮削时采用短刮法（刀迹的长度约为切削刃宽度），随着研点的增多，刀迹逐步缩短。细刮时必须交叉刮削，即在每刮一遍时，须按一定方向刮削，刮第二遍时要交叉刮削，以消除原方向的刀迹，否则出现的研点会成条状。当细刮到边长为 25mm 的矩形面积内出现 12～15 个显点时，细刮即告结束。

3) 精刮。在细刮的基础上，通过精刮增加研点，使工件符合精度要求。刮削时用精刮刀采用点刮法刮削，注意落刀要轻，起刀要迅速挑起。每个研点上只刮一刀，不应重复，并始终交叉地进行刮削。当研点逐渐增多到边长为 25mm 的矩形面积内有 20 个显点以上时，即达到要求。

4) 刮花。在刮削后的外露表面上，有时再刮一层整齐的鱼鳞状花纹或斜花纹，称为刮花。刮花的目的是改善外观。在精刨、精铣或磨削后的精密滑动面上刮一层月牙花纹或链状花纹，可形成微观油槽，改善工作时的润滑条件，提高精密滑动面的耐磨性。

常见的刮花花纹有斜花纹、鱼鳞花纹和半月花纹三种，如图 6-7 所示。也可根据需要，自行设计刮花花纹。

　　　　a)　　　　　　　　　　b)　　　　　　　　　　c)

图 6-7　常见的刮花花纹

a) 斜花纹　b) 鱼鳞花纹　c) 半月花纹

常见刮削质量缺陷及原因见表 6-1。

表 6-1　刮削质量缺陷及原因

缺　陷	特　征	产生原因
凹痕较深	刮刀痕迹太深，局部显点稀少	1) 粗刮时用力不均匀，某些位置用力太重 2) 多次刀痕重叠 3) 切削刃圆弧半径过小
梗痕	刀迹单面产生刻痕	1) 刮削时用力不均匀 2) 切削速度不均匀 3) 切削时停顿

(续)

缺　陷	特　　征	产　生　原　因
撕痕	刮削面上呈粗糙刮痕	1) 切削刃不光滑、不锋利 2) 切削刃有缺口或裂纹
落刀或起刀痕	在刀迹的起始或终了处产生较深的刀痕	落刀时,左手压力较大且动作速度较快,或起刀不及时
振痕	刮削面上呈有规则的波纹	(1) 多次同向切削,刀迹没有交叉 (2) 工作台不稳定
划痕	刮削面上存在深浅不一的线条	显示剂中含有砂粒或铁屑等杂物
显点变化情况无规律	前、后两次显点数量相差较大	(1) 研合时对工件施加的压力不均匀 (2) 研具不正确 (3) 研具放置不平稳,产生抖动

(7) 刮削精度检测　刮削精度检测与锉削精度检测相似,都是将红丹合模油涂在基准工件的表面,然后将工件与基准工件对研,再查看边长为 25 mm 的矩形面积内包含的显点数目,如图 5-9 所示。

(8) 精度检测的注意事项

1) 每次刮削推研时,应注意清洁工件表面,不能让杂质附着在研合面上,以免造成研合面无法正常研合,或者划伤研合面。

2) 研合时,应用力均匀,避免猛推,防止研合失真。

(9) 平面刮刀的刃磨

1) 平面刮刀的几何角度。平面刮刀按楔角 β 的大小,可分为粗刮刀、细刮刀、精刮刀三种。粗刮刀的楔角为 90°~92.5°,切削刃必须平直;细刮刀的楔角为 95°左右,切削刃稍带圆弧;精刮刀的楔角为 97.5°左右,切削刃圆弧半径比细刮刀小些。如用于刮削韧性材料,刮刀楔角可磨成小于 90°,但只适用于粗刮,如图 6-8 所示。

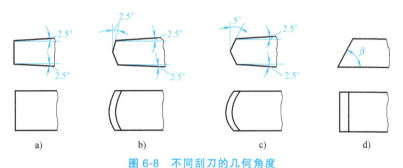

图 6-8　不同刮刀的几何角度

a) 粗刮刀　b) 细刮刀　c) 精刮刀　d) 刮削韧性材料的刮刀

2) 粗磨。粗磨时分别将刮刀两平面贴在砂轮侧面上,开始时应先接触砂轮边缘,再慢慢平放在侧面上,刮刀平面必须与砂轮平行贴紧,不能形成夹角,如图 6-9a 所示,使两面都达到平整,在刮刀全宽上用肉眼看不出有显著的厚薄差别。然后粗磨顶端面,把刮刀的顶端放在砂轮轮缘上,如图 6-9b 所示,平稳地左右移动刃磨,要求端面与刀身中心线垂直。刃磨时应先以一定倾斜度与砂轮接触,再逐步转动至水平,如图 6-9c 所示。如直接按水平位置靠上砂轮,刮刀会发生弹抖,不易磨削,甚至会出事故。

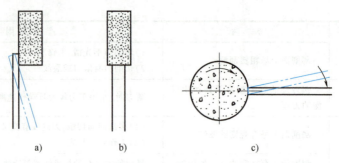

图 6-9 粗磨刮刀

a) 与砂轮平行贴紧　b) 顶端放在砂轮轮缘上　c) 先倾斜再转至水平

3）热处理。刮刀粗磨好后，将其头部（长度约为 25mm）放在炉火中缓慢加热到 780~800℃（呈樱红色），或者将燃烧乙炔或煤气时产生的火焰用火枪对准刮刀的切削刃，将切削刃表层加热到樱红色，然后迅速放入冷水中（或 10%浓度的盐水中）冷却，浸入深度为 8~10mm，刮刀接触水面时做缓缓平移和间断地少许上下移动，这样可使淬硬部分不留下明显界限。当刮刀露出水面部分呈黑色，由水中取出观察其刃部颜色为白色时，即迅速再把刮刀整体浸入水中冷却，直到刮刀全冷后取出。热处理后，刮刀切削部分硬度应在 60HRC 以上，可用于粗刮。精刮刀及刮花刮刀，淬火时可用油冷却，刀头不会产生裂纹，金属的组织较细，容易刃磨，切削部分硬度接近 60HRC。

4）细磨。热处理后的刮刀要在细砂轮上细磨，基本达到刮刀的形状和几何角度要求。刮刀刃磨时必须经常蘸水冷却，避免刃口部分在砂轮的作用下高温烧黑。

5）精磨。刮刀细磨之后，还须在油石上进行精磨。精磨时在油石上加适量机油，先磨刮刀的两平面，如图 6-10a 所示，直至平面平整，表面粗糙度值小于 $Ra0.2\mu m$。然后精磨端面，如图 6-10b 所示，刃磨时左手扶住手柄，右手紧握刀身，使刮刀直立在油石上，略微前倾（前倾角度根据刮刀的不同刀角而定）地向前推移，拉回时刀身略微提起，以免磨损刃口，如此反复，直到切削部分形状、角度均符合要求，且刃口锋利为止。初学者可将刮刀上部靠在肩上两手握刀身，向后拉动来磨锐刃口，而向前则将刮刀提起，如图 6-10c 所示。此法速度较慢，但容易掌握，在初学时常先采用此方法练习，待熟练后再采用前述磨法。

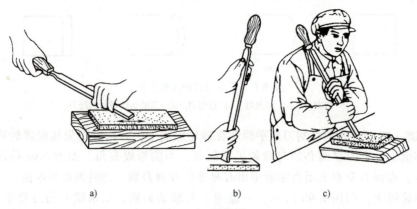

图 6-10 精磨刮刀

a) 先磨刮刀的两平面　b) 再精磨端面　c) 初学者磨刀姿势

6.2 实操训练

（1）准备工具　上一项目锉削的工件、平面刮刀、三角刮刀、蛇头刮刀、柳叶刮刀、钢丝刷、红丹合模油（如果没有红丹合模油，可以用盖章用的印油代替）、25mm×25mm 矩形检查框。

（2）训练目的　学习刮刀的使用方法、平面度的检测方法。

（3）刮削步骤

1）检查钳工台上的台虎钳是否安装牢固，如发现台虎钳松动，请立即紧固或报告老师，由老师处理。

2）用钢丝刷清理工件表面，将工件表面的垃圾、铁锈及切屑清理干净。

3）将工件装夹在台虎钳的中间位置，并用力夹紧，如图 6-11 所示。

4）先保持同一个角度，用平面刮刀（粗刮刀）将工件的表面刮一遍，再换一个角度，再次将工件表面重新刮一遍，如图 6-12 所示。

图 6-11　工件的装夹

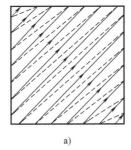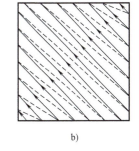

　　　a)　　　　　　　　　　b)

图 6-12　刮削的方法

a）先用同一个角度刮削　b）再换一个角度刮削

5）将工件表面的黑皮刮削干净，露出金属本色。

6）在钳工台上涂上红丹合模油，将工件与钳工台进行研合，并用细刮刀刮削工件上留有红丹合模油的表面。

7）如果显点均匀，可用 25mm×25mm 矩形检查框检查工件表面的显点数是否为 5~8 个。

8）如果 25mm×25mm 矩形检查框中的显点数不够 5~8 个，则继续刮削，直至显点数为 5~8 个为止。

9）在已刮削好的工件上用油笔写上"姓名+班级"，存放在老师指定的位置处。

10）打扫卫生，将刮削产生的垃圾和所有工具分别存放指定的位置。

（4）工件验收　验收内容见表 6-2。

表 6-2　验收内容

序号	验 收 项 目	合 格	不 合 格
1	锉削的姿势是否正确		
2	工件表面的显点是否均匀		

(续)

序号	验 收 项 目	合格	不合格
3	用 25mm×25mm 矩形检查框检查工件表面的显点是否为 5~8 个		
4	工件表面是否有明显的缺陷		
5	工件表面是否有明显刀纹或划痕		
6	工作位置是否打扫干净		
7	所有工具是否摆放整齐		
8	工件是否已写上"姓名+班级"		

项目 7

高度游标卡尺划线

教学目的

1）了解高度游标卡尺的结构。
2）了解高度游标卡尺读数的方法。

掌握技能

1）掌握找出工件中心线的方法。
2）掌握用高度游标卡尺划线的方法。

作业方法

1）独立完成。
2）交小组长检测,再交老师检测。

7.1 高度游标卡尺

（1）高度游标卡尺的结构　高度游标卡尺主要由尺身、游标、基座、量爪、尺框等构成,如图7-1所示。高度游标卡尺的主要用途是测量工件的高度,测量几何公差和精密划线。

高度游标卡尺只有一个活动的量爪,把测量的基准平面作为固定量爪。因此用高度游标卡尺测量工件的高度时,必须在平面上测量。

高度游标卡尺的读数方法与游标卡尺完全相同,也是先读主刻度的数值,再读副刻度的数值,然后把主刻度数值和副刻度数值相加,即为高度游标卡尺的最终读数。高度游标卡尺的分度值为0.02mm。

（2）高度游标卡尺的使用方法

1）工作面必须水平。高度游标卡尺的测量工作必须在水平面上进行。

2）清洁。测量前,必须用干净的布将高度游标卡尺的尺身、量爪、基座、测量台面清理干净,否则会导致测量数据不准确。

3）检查。将高度游标卡尺轻轻地放在水平台面上,松开紧固螺钉,检查尺框是否有能活动自如地上、下滑动,并检查高度游标卡尺的刻度是否清晰,同时应检查量爪是否有破损。

图7-1　高度游标卡尺
1—尺身　2—紧固螺钉　3—游标　4—基座
5—量爪　6—尺框　7—微动装置

4）校对。缓慢地降低量爪的高度，直到量爪与测量台的平面接触，量爪不能再下降为止，如图7-2所示。检测主刻度的零线和副刻度的零线是否对齐，如没有对齐，需调节微动装置的旋钮，使主、副刻度的零线对齐。

5）记下校正值。如主、副刻度的零线无法对齐，请记下此时的读数，该读数为校正值，校正值可正可负。副刻度的零线在主刻度零线以上时，校正值为正，刻度数时从下往上数，如图7-3a所示，主、副刻度正对的是从下往上数第13格（黑点处），因此校正值为13×0.02mm＝0.26mm，符号为正。副刻度的零线在主刻度零线以下时，校正值为负，刻度数时从上往下数，如图7-3b所示，主、副刻度正对的是从上往下数第9格（黑点处），因此校正值为9×0.02mm＝0.18mm，符号为负值。

图7-2 量爪与测量台的平面接触

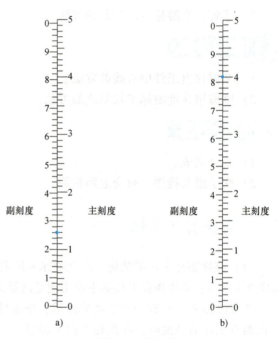

图7-3 校正值
a）校正值为+0.26mm b）校正值为-0.18mm

6）测量高度。用轻微的力，慢慢提升高度游标卡尺量爪的高度，使量爪高于工件，再移至工件的测量处，然后将量爪的高度慢慢降低，轻轻地靠近工件，直到量爪不能再下降为止，如图7-4所示。

7）轻微用力。在移动量爪的过程中应轻微用力，不能忽停忽进，以保证测量的准确性，测量工件时，应轻拿轻放，避免撞坏量爪。

8）工件应摆正。在用高度游标卡尺测量时，所测量的工件必须垂直放置，不能倾斜，如图7-5所示，否则测量的数据不正确。

9）读数。读数时，先读主刻度的数值（读取整数部分），再读副刻度的数值（读取小数部分），然后减去校正值，即

工件的高度＝整数部分＋小数部分－校正值

（3）高度游标卡尺划线 高度游标卡尺量爪的尖部是由特殊的合金钢制作的，硬度高，

可以在一般的钢件表面划线，如图 7-6 所示。

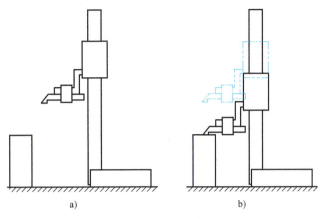

图 7-4　测量高度

a）先提高量爪的高度　b）再降低量爪高度至工件表面

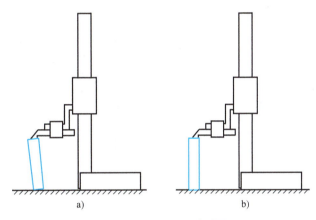

图 7-5　工件必须垂直放置

a）工件倾斜摆放，错误　b）工件垂直摆放，正确

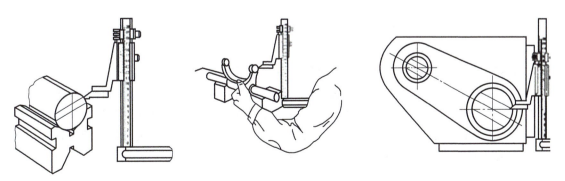

图 7-6　高度游标卡尺划线

用高度游标卡尺划线的步骤如下：

1）用左手压住工件，使工件在台面上保持不动。

2）右手用手腕的力量握住高度游标卡尺的基座，并且使高度游标卡尺量爪的拐角位对准工件。

3）在钳上台面上拖动高度游标卡尺，并用手腕的力量使高度游标卡尺量爪的拐角在工件上划线。

7.2 实操训练

（1）训练目的　运用高度游标卡尺在上一项目中完成锉削的工件平面上划线，并用样冲在指定位置打点，划线的尺寸与打点的位置如图7-7和图7-8所示，图中的尺寸允许误差为±0.5mm，黑点表示打点位置。

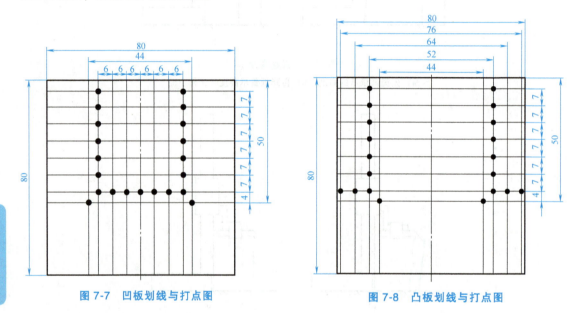

图7-7　凹板划线与打点图　　　图7-8　凸板划线与打点图

（2）准备工具　工件（80mm×80mm×8mm）、高度游标卡尺、样冲、锤子、划线水、直角尺、钢丝刷。

（3）划线步骤

1）用钢丝刷将上一项目完成的工件表面上的灰尘、铁锈及切屑等擦除干净。

2）在材料的表面均匀地涂一层划线水。

3）将工作台、高度游标卡尺用干净的抹布擦拭干净。

4）校正高度游标卡尺。降低高度游标卡尺量爪的高度，使之与测量台的平面接触，如图7-2所示。检查主刻度的零线和副刻度的零线是否对齐，如没有对齐，需调节微动装置的旋钮，使主、副刻度的零线对齐，或者记下校正值，在以后的测量中进行加、减法补正。

5）将工件垂直地放置在工作台上，并用高度游标卡尺测量工件的高度h，如图7-9所示。

6）工件的实际高度$h_{实}=h-$校正值，将量爪移至工件高度一半的位置处，如图7-10所示。

7）将工件斜向摆放，使高度游标卡尺量爪的尖角对准工件的平面，并用量爪的尖角在工件表面划一条水平线，即划出工件的中线，如图7-11所示。

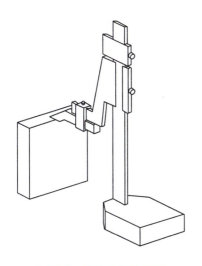

图 7-9 测量工件的高度

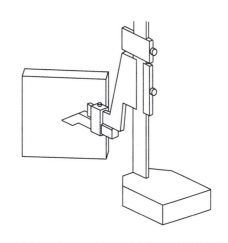

图 7-10 将量爪移至工件高度一半的位置处

8) 将量爪的高度提升 22mm,划第二条水平线,如图 7-12 所示。

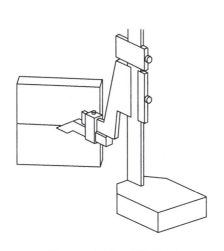

图 7-11 划出工件的中线

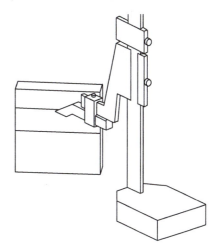

图 7-12 划第二条水平线

9) 高度游标卡尺的量爪高度不变,工件上下翻转 180°,用量爪在工件上划第三条水平线,如图 7-13 所示。

10) 采用相同的方法,划出其他 6 条水平线,如图 7-14 所示。

11) 将工件旋转 90°,在距离工件底边 50mm 的位置处划一条水平线,如图 7-15 所示。

12) 再按图 7-7 所示,用高度游标卡尺的量爪划出其他 7 条水平线,如图 7-16 所示。

13) 按图 7-7 所示,用样冲在黑点处打点,打点的深度为 0.5~1mm。

14) 采用相同的方法,按图 7-8 所示,在另一工件上划线并打点。

15) 在已划好线的工件上用油笔写上"姓名+班级",存放在老师指定的位置处。

16) 将所有工具放入指定的位置,将桌面清理干净。

(4) 工件验收 验收内容见表 7-1。

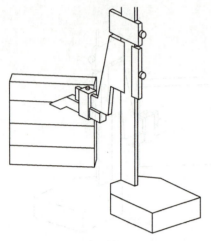
图 7-13 划第三条水平线

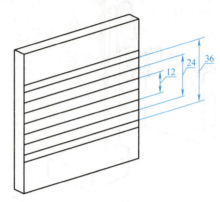
图 7-14 划出其他 6 条水平线

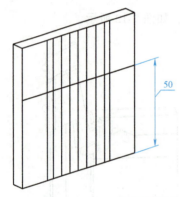
图 7-15 划一条水平线，与底边的距离为 50mm

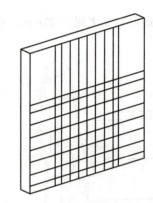
图 7-16 划出其他 7 条水平线

表 7-1 验收内容

序号	验收项目	合格	不合格
1	能否用高度游标卡尺正确测量工件的高度		
2	划线前工作台面是否擦拭干净		
3	划线水是否均匀涂在工件表面		
4	线条是否清晰，是否一次性划线		
5	划线的尺寸是否在允许误差范围内		
6	划线的姿势是否正确		
7	交点处所打点是否符合要求		
8	工作位置是否打扫干净		
9	所有工具是否摆放整齐		
10	工件是否已写上"姓名+班级"		

项目 8

中心钻钻孔

教学目的

1）了解台式钻床的结构。
2）了解中心钻的结构。
3）了解中心钻钻孔的作用。

掌握技能

1）初步掌握台式钻床的使用方法。
2）掌握中心钻的安装与拆卸。

作业方法

1）独立完成。
2）交小组长检测，再交老师检测。

8.1 钻孔的基本知识

（1）钻孔 用麻花钻或中心钻在工件上加工孔的操作称为钻孔。用钻床钻孔时，工件固定不动，钻头装在钻床主轴上，一面旋转（即切削运动），一面沿钻头轴线向工件做直线运动（即进给运动）。钻孔加工精度不高，一般公差等级为 IT10～IT9，表面粗糙度值在 $Ra12.5\mu m$ 以上。

（2）中心钻的定义 中心钻是两头直径较小，而中间部分直径较粗的钻孔类刀具，如图 8-1 所示。在用麻花钻进行钻孔前，一般用中心钻在工件上预钻一个小孔，起预制精确定位的作用，可以引导麻花钻进行孔加工，防止直接用麻花钻钻孔时出现歪斜的现象，减少钻孔的误差。

（3）中心钻的分类 常见的中心钻可以分为 A 型中心钻（不带护锥）和 B 型中心钻（带护锥）两种型式，中心钻可多次使用。

A 型中心钻由圆柱和圆锥部分组成，圆锥角为 60°，如图 8-2a 所示，中心钻两端的圆柱部分为工作部分。

B 型中心钻是在 A 型中心钻的圆锥部分多一个 120°的圆锥，如图 8-2b 所示，其作用是保护 60°锥孔。

钻心钻有不同的规格，常见中心钻的规格见表 8-1。

图 8-1 中心钻

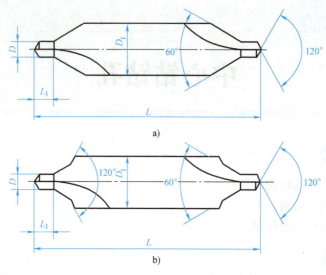

图 8-2 中心钻

a）不带护锥的 A 型中心钻　b）带护锥的 B 型中心钻

表 8-1　常见中心钻的规格　　　　　　　　　　（单位：mm）

D	0.5	0.7	1.0	1.5	2.0	2.5	3	4	5	6
D_1	2	3	4	5	6	8	10	12	14	16
L	30	35	35	40	45	50	55	60	70	80
L_1	0.7	1.0	1.5	2.0	3.0	3.5	4.0	5.0	6.5	8.0

加工直径为 φ2~φ10mm 的中心孔时，通常采用不带护锥的 A 型中心钻；加工深度较大、精度要求较高的工件时，为了保护 60°定心锥孔，一般采用带护锥的 B 型中心钻。A 型、B 型中心钻的钻孔形式分别如图 8-3 所示。

（4）中心钻的特点

1）用中心钻加工孔时，切削轻快、排屑好。

2）中心钻加工孔时定位准确，不易歪斜。

3）用中心钻加工中心孔之前，应先将钻孔的位置修平，防止中心钻折断。

（5）中心钻的使用方法

1）必须根据被加工工件的孔型及直径、尺寸合理选用中心钻的型号。

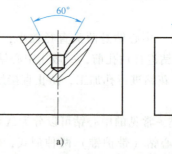 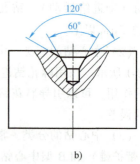

图 8-3　A、B 型中心钻的钻孔形式

a）A 型中心钻所钻孔　b）B 型中心钻所钻孔

2）被加工工件的硬度应在 170~200HBW 之间。

3）在使用中心钻前，必须洗净防锈油脂，以免切屑粘在切削刃上，影响切削性能。

4）被加工工件的表面应平整，不得有砂眼或硬质点，以免刀具受损伤。

5）钻孔前的中心钻应达到所需的位置精度。
6）切削速度应适中，不能过快，否则会损坏中心钻。
7）根据加工对象选择切削液，冷却应充分。
8）在加工时出现异常情况应立即停止，查清原因并排除异常后方可继续加工。
9）注意刃口的磨损情况并及时修复。
10）刀具使用完毕后要清洗上油，妥善保管。

（6）中心钻的装夹

1）根据加工的需要，选择合适型号的中心钻。
2）如果是用台钻加工中心孔，应选择带莫氏锥柄的钻夹头，如图8-4所示。
3）用莫氏锥柄钻夹头装夹中心钻时，钻夹头钥匙逆时针方向旋转钻夹头外套，使三爪张开，把中心钻放入三爪之间，中心钻伸出三爪的长度约为中心钻长度的1/3，然后用钻夹头钥匙顺时针方向转动钻夹头外套，使三爪夹紧中心钻，如图8-5所示。

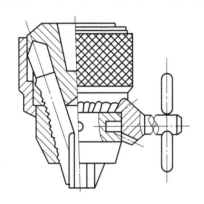

图8-4　莫氏锥柄钻夹头

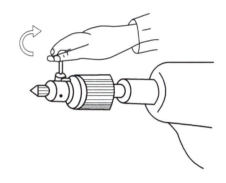

图8-5　中心钻的装夹

（7）中心钻的钻削方法

1）根据图样的要求选择合适型号的中心钻，用中心钻钻孔的深度一般为：A型中心孔应钻出60°锥度的1/3~2/3，B型中心孔应将120°的保护锥钻出。
2）钻中心孔前，必须用台虎钳或码铁将工件固定在台钻上，严禁用手直接握住工件进行钻孔。
3）钻中心孔前，必须检查中心钻是否牢固地装夹在台钻的主轴上。
4）钻中心孔时，操作人员必须戴上防护镜，防止切屑进入眼睛。
5）用中心钻钻孔时，由于是在中心钻的轴线上钻削，钻削线速度低，必须选用较高的转速，转速一般为800~1000r/min，进给量要小。
6）钻孔前，工件表面必须平整，不允许出现凹凸，否则所钻的中心孔容易歪斜。
7）中心钻起钻时，进给速度要慢，钻入工件时要用毛刷加注切削液并及时退屑冷却，使钻屑顺利排出。每钻深2~3mm，就应提起中心钻，清除钻孔时产生的切屑，然后再继续进行钻削。
8）钻孔完成后，中心钻应停留在中心孔中2~3s，然后再退出，以使中心孔光、圆、准确。

8.2　台式钻床

（1）台式钻床的结构　台式钻床也称为台钻，是一种体积较小、操作简便的小型钻孔加工机床，如图 8-6 所示。台钻的主轴箱和工作台安装在立柱上，主轴垂直布置，通过旋转摇臂，可以使主轴伸缩，主轴箱可绕立柱回转、升降，工作台可绕主轴回转。

（2）台式钻床的主要组成

1）主轴架的前端是主轴，后端是电动机。
2）主轴下端的夹头有莫氏锥孔，用来安装钻头或钻夹头。
3）台式钻床主轴的进给是通过手动旋转进给摇臂来实现的。
4）台式立柱用来支承主轴架及工作台，也是调节主轴架及工作台高度的导向柱。
5）工作台主要用来装夹工件，可以绕立柱旋转。
6）机座用来支持台钻的其他部分。

（3）台式钻床主轴转速的调整　台式钻床的主轴与电动机之间采用 V 带传动，如图 8-7 所示。

图 8-6　台式钻床

1—机座　2—工作台　3—夹头　4—刻度盘
5—电源开关　6—主轴箱　7—进给摇臂
8—电动机　9—手柄盘　10—升降手轮
11—台式立柱　12—工作台锁紧销

图 8-7　V 带传动

改变 V 带在两个塔轮五级轮槽中的安装位置，可使主轴获得 5 种不同的转速，分别为 4100r/min、2440r/min、1420r/min、840r/min、480r/min，5 种转速所对应的位置如图 8-8 所示。

（4）钻孔深度　在台钻旁边的进给摇臂上有一个刻度盘，刻度盘把整个圆周分为 80 等分，每个刻度表示 1mm，钻孔开始前，让中心钻的顶尖对齐工件表面，用手旋转刻度盘，使刻度盘上的 0 线对齐台钻主轴箱上的 0 刻度线，如图 8-9 所示。钻孔开始后，随着进给摇臂的旋转，刻度盘也会旋转，刻度盘的读数即为钻孔的深度。

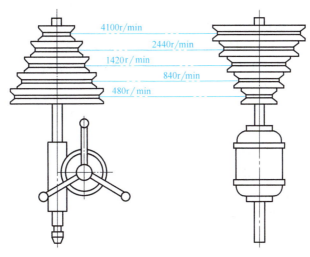

图 8-8 主轴的 5 种转速

（5）台式钻床工件装夹　台式钻床一般都配有专门的小型台虎钳，钻孔时，工件可以用小型台虎钳装夹，再把台虎钳安装在台式钻床的工件台上。如果没有台虎钳，可以用码铁将工件装夹在台式钻床的工作台上。值得注意的是，为防止钻头钻穿工件后损伤工作台，在用码铁装夹工件时，工作台上要先放置垫铁，再把工件放置在垫铁上，然后用螺杆将工件紧紧地装夹在工作台上，如图 8-10 所示。

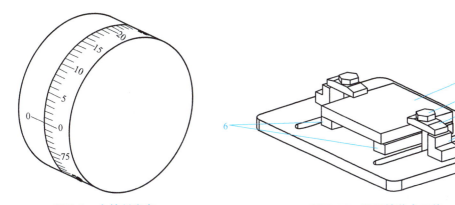

图 8-9　台钻刻度盘　　　　　图 8-10　用码铁装夹工件

1—工件　2—螺杆　3—压板　4—码铁　5—工作台　6—垫铁

（6）台式钻床安全操作规程

1）使用前要检查钻床的电源是否装有漏电保护开关。

2）钻头必须装夹紧固，工件必须固定在工作台上，不能用手握住工件进行钻削，以免钻头高速旋转时，引起伤人事故以及设备损坏事故。

3）集中精力操作，工作台必须锁紧后方可工作，装卸钻头时不能用锤子或其他工具敲打，也不可借助主轴上下往返撞击钻头，应用专用钥匙和扳手来装卸，钻夹头不得夹锥形柄钻头。

4）钻薄板工件时，需加垫木板。应刃磨薄板钻头，并采用较小进给量，钻头快要钻透工件时，应适当减小进给量。要轻施压力，以免折断钻头，损坏设备。

5）钻头在运转时，禁止用棉纱和毛巾擦拭钻床及清除切屑。工作停止后，钻床必须擦拭干净，切断电源，零件堆放在指定位置，工作场地应保持整齐、整洁。

6）切屑缠绕在工件或钻头上时，应提起钻头，使钻头的尖端部分高于工件，待钻头停止转动后用专门工具清除切屑。

7）必须按操作说明使用额定直径以内的钻头，不应使用超过额定直径的钻头。

8）更换 V 带位置变速时，必须先切断电源。

9）工作中如果出现异常情况，应停止钻孔后再进行处理。

10）学生必须在老师的指导下操作钻床，严禁单独上机操作。

11）必须认真阅读钻床的操作说明，熟悉机器的性能、用途及操作注意事项。

12）必须穿适当的衣服，戴防护镜，严禁戴手套。

（7）台式钻床的保养工作

1）工作完毕后及时清理台面上的切屑。

2）定期为主轴及夹头加注润滑油。

3）定期检查主轴 V 带的张紧度。

4）在长期不用的时候应对设备表面涂抹润滑脂，防止表面生锈。

5）定期清理夹头表面的毛刺。

8.3 实操训练

（1）训练目的　运用 A 型中心钻在上一项目完成的工件上钻孔，钻孔前应先用样冲打点，钻孔的位置如图 7-7、图 7-8 所示，图中的尺寸公差为 ±0.5mm。

（2）准备工具　台钻、台虎钳、A 型中心钻（ϕ10mm）、切削液、钢丝刷。

（3）用中心钻钻孔的步骤

1）检查台钻周围的环境是否干净，地面是否打滑。如发现安全隐患，应及时向老师汇报，等老师处理之后，再进行操作。

2）检查台钻是否安装漏电保护开关，台钻的电线是否破损。如发现安全隐患，应及时向老师汇报，等老师处理之后，再进行操作。

3）操作人员必须戴上防护镜，防止切屑进入眼睛，严禁戴手套操作机床。

4）钻孔开始前，先接通电源，使台钻空运行，观察台钻在空运行时是否正常运转，如发现异常，应及时向老师汇报，等老师处理之后，再进行操作。

5）打开台钻的主轴箱，检查 V 带是否安装在第 4 个槽轮上（从上往下数），确保主轴转速为 800～1000r/min。

6）将台虎钳安装在台钻的工作台上，将中心钻安装在主轴上，如发现台虎钳或中心钻松动，应及时紧固。

7）将两块一样大小的垫铁分别紧贴台虎钳的钳口壁放置，然后把工件放置在垫铁上。为防止钻穿工件时钻头伤到垫铁，工件的摆放方向应如图 8-11 所示。

8）左右调整工件，使工件放置在台虎钳的中心处，并旋转台虎钳手柄，将工件夹紧。

9）选择 A 型中心钻，规格 $D \times D_1 \times L \times L_1$ 为 3mm×10mm×55mm×4mm。

10)将中心钻安装在台钻的钻夹头上,中心钻伸出的长度为15~20mm。

11)调整中心钻的高度,使中心钻的顶尖距离工件约20mm。

12)调整中心钻的位置,使中心钻对准要钻孔的位置。

13)锁紧工作台,转动进给摇臂,使中心钻的顶尖与工件表面对齐,然后旋转刻度盘,使刻度盘的0线对齐主轴箱上的0刻度线。

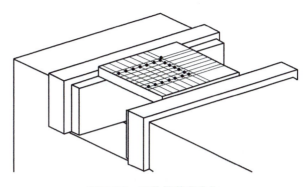

图 8-11 工件的装夹方向

14)启动台钻电源,开始钻孔,每钻深2~3mm,就应提起中心钻,清理切屑。

15)中心钻钻孔的深度约为5.5mm或钻孔口部直径约为$\phi 5$mm时,停留2~3s,再退出中心钻,使中心孔光、圆、准确。

16)按上述方法,钻下一个孔,直到钻完所有中心孔,如图8-12及图8-13所示。

17)切断台钻电源,在已加工好的工件上用油笔写上"姓名+班级",存放在老师指定的位置处。

18)将工作位置打扫干净,将所有工具放入指定的位置。

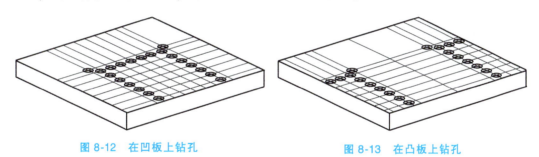

图 8-12 在凹板上钻孔　　　　图 8-13 在凸板上钻孔

(4)工件验收　验收内容见表8-2。

表 8-2 验收内容

序号	验 收 项 目	合格	不合格
1	是否按操作规程操作台钻		
2	所用中心钻是否为A型中心钻($\phi 10$mm)		
3	中心钻所钻孔的深度是否约为5.5mm或钻孔口部直径是否约为$\phi 5$mm		
4	中心孔是否光、圆、准确		
5	中心孔的位置是否正确		
6	工作位置是否打扫干净		
7	所有工具是否摆放整齐		
8	是否已切断台钻电源		
9	工件是否已写上"姓名+班级"		

项目 9

麻花钻钻孔

教学目的

1) 了解标准麻花钻的结构。
2) 了解麻花钻切削角度对切削的影响。
3) 了解钻夹头的结构。

掌握技能

1) 掌握在平面上钻孔的方法。
2) 掌握锥柄钻头的拆装方法。
3) 掌握钻孔工件的装夹。
4) 掌握麻花钻的磨修方法。

作业方法

1) 独立完成。
2) 交小组长检测,再交老师检测。

9.1 麻花钻

(1) 麻花钻的结构　麻花钻应用非常广泛,切削刃部分扭曲成麻花形状,所以称为麻花钻,主要用于没有预制孔的工件孔加工,加工出的孔圆柱度和表面粗糙度均较差。

麻花钻由刀柄部分、颈部和工作部分组成,工作部分包括切削部分和导向部分,由钻尖、切削刃和排屑槽(螺旋或直槽)组成,如图 9-1 所示。

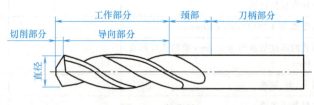

图 9-1　麻花钻

1) 刀柄部分。刀柄部分是被机床或电钻夹持的部分,用来传递转矩和轴向力。按形状不同,刀柄部分可分为直柄和锥柄两种。直柄所能传递的转矩较小,用于直径在 φ13mm 以下的钻头。当钻头直径大于 φ13mm 时,一般采用锥柄。锥柄的扁尾既能增加传递的转矩,又能避免工作时钻头打滑,还能供拆钻头时敲击之用。

2）颈部。颈部位于刀柄部分和工作部分之间，主要作用是在磨削钻头时供砂轮退刀。此外，还可刻印钻头的规格、商标和材料等，以供选择和识别。

3）导向部分。导向部分的作用是在钻削过程中引导切屑排出，如图9-2所示。同时，导向部分也是切削部分的备用段，当切削部分磨损后，可以在砂轮机上通过修磨，使导向部分转为切削部分。

4）切削部分。切削部分在钻削过程中起到钻削的作用，它的结构如图9-3所示。

① 主后刀面：切削部分顶端的曲面，钻孔时与工件直接接触，两个后刀面要求光滑。

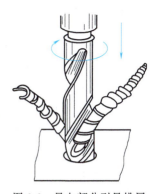

图9-2 导向部分引导排屑

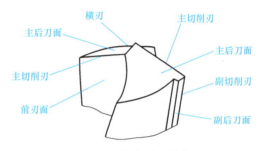

图9-3 钻削部分的结构

② 前刃面：切削部分螺旋槽的表面，与主、副切削刃相邻的曲面。

③ 副后刀面：麻花钻的副后刀面是指与麻花钻直径相等的圆柱面。

④ 主切削刃：主后刀面与前刃面的交线，两条主切削刃长度相等，并且相对麻花钻轴线对称。

⑤ 副切削刃：副后刀面与前刃面的交线。

⑥ 横刃：两个主后刀面的交线。

麻花钻的三个基本角度如图9-4所示。

其中，顶角 $\alpha = 118°\pm 2°$；后刀面与水平面的夹角（即后角）$\beta = 10°\sim 14°$；横刃斜角 $\varphi = 50°\sim 55°$。

（2）导向部分的结构　麻花钻的导向部分由螺旋槽、棱边和钻心三部分组成。

1）螺旋槽。每条麻花钻都有两条螺旋槽，螺旋槽的侧面形成前刃面和后刃面。与主切削刃相邻的面为前刃面，另一个面是后刃面，切屑的排出和切削液的输送都是沿此槽进行的。

2）棱边。在麻花钻的外表面，沿螺旋槽边缘凸起的窄边称为棱边。它的外缘不是圆柱形，而是被磨成倒锥，即向柄部方向直径逐渐减小。这样，棱边既能在切削时起导向及修光孔壁的作用，又能减少钻头与孔壁的摩擦。

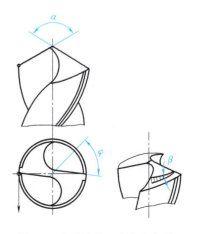

图9-4 麻花钻的三个基本角度

棱边倒锥数值见表9-1。

表 9-1 麻花钻的棱边倒锥数值 （单位：mm）

钻头直径	1~6	6~18	18~80
每100mm内减少量	0.03~0.08	0.04~0.10	0.05~0.12

3）钻心。两螺旋形刀瓣中间的实心部分称为钻心。它的直径向柄部方向逐渐增大，作用是增强钻头的强度和刚性。

(3) 麻花钻的分类

麻花钻按刀柄的形状，可以分为直柄麻花钻和锥柄麻花钻两种类型，其中直柄麻花钻如图9-1所示，锥柄麻花钻如图9-5所示。

图 9-5 锥柄麻花钻

锥柄麻花钻采用莫氏锥柄与钻夹头配合，既增加了摩擦力，使装夹牢固，又便于拆卸。在同一锥度的一定范围内，刀具可以自由地拆装，拆卸后重新装上不会影响其中心位置。

莫氏锥度有0、1、2、3、4、5、6共七个号数，见表9-2。

表 9-2 莫氏锥度

号数	锥度	外锥大径基本尺寸/mm
0	1∶19.212	9.045
1	1∶20.047	12.065
2	1∶20.020	17.78
3	1∶19.922	23.825
4	1∶19.254	31.267
5	1∶19.002	44.399
6	1∶19.180	63.348

(4) 麻花钻的装夹　对于直柄麻花钻，先用钻夹头钥匙逆时针方向旋转钻夹头外套，使三爪张开，把麻花钻放入三爪之间，然后用钻夹头钥匙顺时针方向转动钻夹头外套，使三爪夹紧麻花钻。

值得注意的是，在装夹麻花钻时，麻花钻的螺旋槽应全部在三爪外面，如图9-6所示，如果有螺旋槽部分在三爪里面，将影响钻夹头的夹持力，钻孔时麻花钻与三爪之间可能会出现打滑现象。

(5) 麻花钻的修磨　麻花钻经过多次使用之后，切削部分会发生磨损，此时需要在砂轮机上对切削部分进行修磨，麻花钻才能继续使用。修磨的麻花钻的步骤如下。

1）将麻花钻斜向摆放（与砂轮成60°），并将后刀

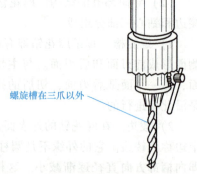

图 9-6 夹持麻花钻

面靠近砂轮外圆。

2) 使主切削刃略高于砂轮水平中心面,刀柄部分略低于砂轮水平中心面。

3) 主切削刃水平摆放,并先接触砂轮。

4) 右手缓慢地使钻头绕其轴线转动。

5) 左手配合右手使钻柄向上摆动,钻削部分向下摆动,刃磨压力逐渐加大,以便磨出后角。

6) 为保证钻头近中心处磨出较大后角,还应做适当的右移运动。

7) 钻头多次修磨后,与砂轮接触部位会产生高温,此时应把钻头放入切削液中冷却,待钻头冷却后再进行修磨。

8) 轮换修磨麻花钻的两个刃口及两个刃口的后刀面。

(6) 麻花钻修磨的口诀　工人们根据长期积累的经验,总结了修磨麻花钻的四句口诀:"刃口摆平轮面靠,钻轴斜放出锋角,由刃向背磨后面,上下摆动尾别翘。"

1) "刃口摆平轮面靠"。这里的"刃口"是主切削刃,"摆平"是指被修磨部分的主切削刃处于水平位置。"轮面"是指砂轮的外圆表面。"靠"是慢慢靠拢的意思。此时钻头还不能接触砂轮。这是钻头与砂轮相对位置的第一步,往往有学生还没有把刃口摆平就靠在砂轮上开始修磨了,这样肯定是磨不好的。

2) "钻轴斜放出锋角"。这是指钻头轴线与砂轮表面之间的位置关系,"锋角"即顶角 $118°±2°$ 的一半,约为 $60°$,如图 9-7a 所示。这个角度很重要,直接影响钻头的顶角大小、主切削刃形状和横刃斜角。上述两个口诀都是指钻头修磨前的相对位置,二者要统筹兼顾,不要为了摆平刃口而忽略了摆好斜角,或为了斜放轴线而忽略了摆平刃口。此时钻头在位置正确的情况下准备接触砂轮。

3) "由刃向背磨后面"。这是指从钻头的刃口开始沿着整个后刀面缓慢刃磨。这样便于散热和修磨。在稳定巩固前两句口诀的基础上,钻头可轻轻接触砂轮,进行较少量的修磨,修磨时要观察火花的均匀性,及时调整压力大小,并注意钻头的冷却。当冷却后重新开始修磨时,要继续摆好前两句口诀中的位置。这一点学生在初学时不易掌握,常常会不由自主地改变位置。

4) "上下摆动尾别翘"。这个动作在钻头修磨过程中也很重要,往往有学生在修磨时把"上下摆动"变成了"上下转动",使钻头的另一主切削刃被破坏。同时钻头的头部稍高于砂轮水平中心面,尾部不能高于砂轮水平中心面,否则会使刃口磨钝,无法切削,如图 9-7b 所示。

在基本掌握上述四句口诀中动作要领的基础上,还要注意对钻头后角的修磨,后角不能磨得过大或过小。过大后角的钻头在钻削时,振动严重,孔口会成三边形或五边形,切屑呈针状;过小后角的钻头在钻削时轴向力很大,不易切入,钻头发热严重,无法钻削。

(7) 麻花钻磨修的检验　麻花钻磨修后,一般通过目测方法进行检验,如图 9-8 所示。

1) 把麻花钻竖直摆放,两眼平视,将麻花钻放在 $118°$ 检验夹具的夹角里,观察两主切削刃的夹角是否约为 $118°$。

2) 观察两主切削刃是否对称,为消除视觉误差,可将麻花钻旋转 $180°$ 后,反复观察。

3) 钻头后刀面的后角应为 $10°～14°$,可直接通过目测进行检验。后刀面上主切削刃位置最高,其他各位置不能高于主切削刃,否则麻花钻的后刀面会接触工件,无法正常钻削。

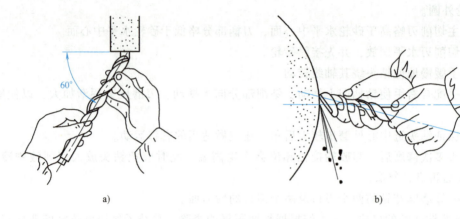

图 9-7 麻花钻头的磨修
a) 钻头与砂轮平面成 60° b) 钻头头部和尾部的位置

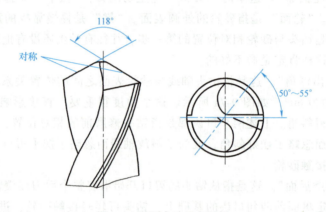

图 9-8 目测方法进行检验

4) 横刃的斜角应控制为 50°~55°，可以通过目测进行检验。

（8）钻孔工件的装夹　钻孔时，应根据工件的形状和钻孔直径的大小，采用不同的装夹方法，常用的装夹方法有以下几种。

1) 用平口钳装夹。用于装夹平整的小型工件，如图 9-9a 所示。

2) 用 V 形架装夹。用于装夹圆柱形的工件，在圆柱形工件的侧面上钻孔，如图 9-9b 所示。

3) 用压板装夹。当需在工件上钻较大孔，或用机床用平口虎钳不好夹持时，可用压板方法夹持，即用压板、螺栓、垫铁将它固定在钻床工作台上，如图 9-9c 所示。用压板装夹时，应注意以下几点。

① 垫铁应尽量靠近工件，以减少压板的变形。

② 当只用一块压板压紧工件时，垫铁应略高于工件被压表面，否则压板压紧后对工件的着力点在工件的边缘处，工件就会翘起。

③ 当用两块压板压紧工件的两侧时，垫铁应略低于工件被压表面，这样压板的压紧力大部分压在工件上。

④ 螺栓应尽量靠近工件，使工件获得尽量大的压紧力。

⑤ 对已经精加工的表面压紧时，应在这一表面垫上铜皮等软衬垫物，以保护精加工表面。

4）用角铁装夹。适用于装夹折弯类的钣金件，如图9-9d所示。

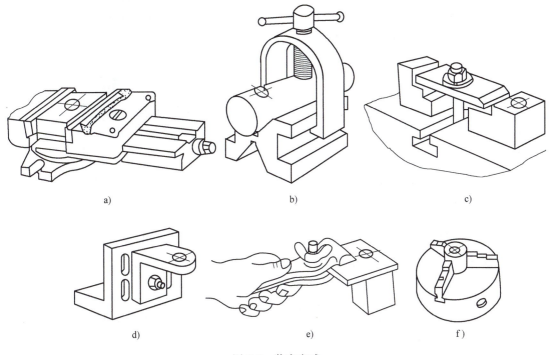

图9-9 装夹方式

a）平口钳装夹 b）V形架装夹 c）压板装夹 d）角铁装夹 e）手虎钳装夹 f）自定心卡盘装夹

5）用手虎钳装夹。适用于钻孔直径在 φ8mm 以下的小型工件，如图9-9e所示。当钻孔的直径较大或深度较深或工件较大时，严禁使用这种装夹方式。

6）用自定心卡盘装夹。用于装夹圆柱形的工件，在圆柱形工件的端面上钻孔，如图9-9f所示。

（9）装夹麻花钻的工具

1）钻夹头。钻夹头用来夹持 φ13mm 以下的直柄钻头，其结构如图9-10所示，夹头主体的上端有一锥柄，用于与夹头孔紧配，夹头柄做成莫氏锥体，装入钻床的主轴锥孔内。钻夹头装入主轴孔前，主轴孔内的锁紧扣松开，钻夹头装入主轴孔内后，主轴孔内的锁紧扣收缩，扣紧钻夹头上的圆球。当带有小锥齿轮的钥匙旋转带动夹头体上的大锥齿轮转动时，与夹头体紧配的内螺纹圈也同时旋转。内螺纹圈与三个夹爪上的外螺纹相

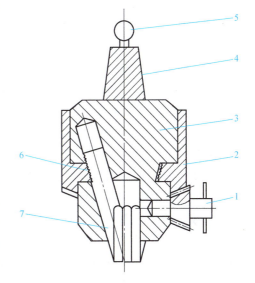

图9-10 钻夹头

1—钥匙 2—夹头套 3—夹头体 4—夹头柄
5—夹头球 6—螺纹 7—三爪

配，于是三个夹爪在内螺纹圈的带动下，同时伸出或缩进，使钻头直柄被松开或夹紧（钻夹头中的只能用来夹紧直柄钻头，不适用于锥柄钻头）。

2）钻头套。钻头套是用来装夹锥柄钻头的，如图9-11所示。锥柄钻头不能直接用钻夹头装夹，一般是先把锥柄钻头装夹在钻头套里，再连同钻头套一起装夹在钻夹头中，如图9-12所示，然后一起装夹在主轴孔里。

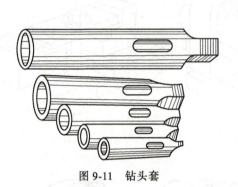

图9-11 钻头套

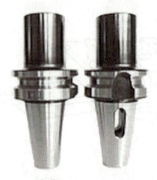

图9-12 钻夹头

钻头套共分五种，规格见表9-3，工作中应根据实际情况选用相应的钻头套。

表9-3 钻头套的规格

钻头套标号	锥柄钻头的大小（莫氏锥度）		锥柄钻头的直径/mm
	内锥孔	外锥孔	
1	1号	1号	<15.5
2	2号	2号	15.6~23.5
3	3号	3号	23.6~32.5
4	4号	4号	32.6~49.5
5	5号	5号	49.6~65

由于锥柄钻头采用莫氏锥度，具有自锁功能，因此，在需要钻孔时，只需把钻头放入锥柄钻头套中，两者即非常稳定地结合在一起，不需要另外增加锁紧机构。

拆卸钻头时，按以下步骤进行。

① 在钻头下方放一块软垫，钻头离软垫约20mm，防止钻头坠落时损坏刃口。

② 把楔铁带斜边的一面靠近钻头，带圆弧的一面放在上方，插入拆卸孔中，否则会损坏主轴上的拆卸孔。

③ 左手握住楔铁，右手拿锤子，轻敲楔铁。

④ 钻头快被卸下时，再用左手握住钻头，以防钻头跌落。

⑤ 再次轻敲楔铁，就可拆出钻头，如图9-13所示。

(10) 在斜面上钻孔的方法 若直接用钻头在斜面上钻孔，由于钻头在钻孔时受力不均匀，会在单向径向力的作用下产生偏切现象，致使钻孔偏歪、滑移，不易钻进，即使勉强钻进，

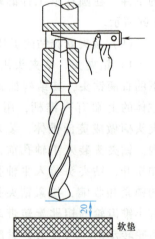

图9-13 拆卸钻头

钻出孔的圆度和轴线位置度也难以保证，甚至可能折断钻头。因此，应先在斜面上加工出一个平面，如图 9-14 所示，可采取以下方法。

方法一：先用立铣刀在斜面上铣出一个水平面，然后再钻孔。

方法二：用錾子在斜面上錾出一个小平面后，先用中心钻钻出一个较大的锥坑，再用钻头钻孔，此时钻头的定心就较为可靠。

(11) 麻花钻钻孔的特点　用钻头在工件实体部位加工孔称为钻孔。钻孔属于粗加工，可达到的尺寸公差等级为 IT13~IT11，表面粗糙度 Ra 值为 50~12.5μm。由于麻花钻长度较长，钻芯直径小而刚性差，又有横刃的影响，故钻孔有以下工艺特点。

1) 钻头容易偏斜。由于横刃的影响，钻头定心不准，切入时容易引偏；且钻头的刚性和导向作用较差，切削时容易弯曲。在钻床上钻孔时，容易引起孔的轴线偏移和不直，但孔径无显著变化；在车床上钻孔时，容

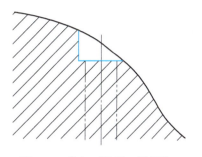

图 9-14　先加工平面，再钻孔

易引起孔径的变化，但孔的轴线仍然是直的。因此，在钻孔前应先加工端面，并用钻头或中心钻预钻一个锥坑，以便钻头定心。钻小孔和深孔时，为了避免孔的轴线偏移和不直，应尽可能采用工件回转方式进行钻孔。

2) 孔径容易扩大。钻削时，钻头两切削刃径向力不等将引起孔径扩大；卧式车床钻孔时的切入引偏也是孔径扩大的重要原因；此外钻头的径向圆跳动也是造成孔径扩大的原因。

3) 孔的表面质量较差。钻削切屑较宽，在孔内被迫卷为螺旋状，流出时与孔壁发生摩擦而刮伤已加工表面。而且钻孔属于挤压式切削，也会导致孔壁粗糙。

4) 钻削时轴向力大。这主要是由钻头的横刃引起的。试验表明，钻孔时 50% 的转向力和 15% 的转矩是由横刃产生的。因此，当钻孔直径 $d>30mm$ 时，应分两次进行钻削。第一次钻出 $(0.5~0.7)d$，第二次钻到所需的孔径。由于横刃第二次不参加切削，故可采用较大的进给量，使孔的表面质量和生产率均得到提高。

(12) 钻孔时的安全措施

1) 必须在老师的指导下起动钻床，严禁私自起动。

2) 钻孔前要清理工作台，如使用的刀具、量具和其他物品不应放在工作台面上。

3) 钻孔前要夹紧工件，钻通孔时要用垫块垫高工件，防止钻头损坏工作台。

4) 通孔快被钻穿时，要减小进给速度，以防工件材料崩裂时，飞出切屑伤害眼睛。

5) 在钻床停止运行后才能松开或拧紧钻夹头，且要用钻夹头钥匙来松紧而不能敲击。当钻头要从钻头套中退出时要用楔铁敲出。

6) 钻孔时，应戴安全帽和防护镜，以免发生人身伤害事故。

7) 钻孔时，不可以戴手套，因为手套极容易被高速旋转的钻头卷入，从而伤害操作人员。

8) 清理切屑时，不能直接用手清除切屑，必须用钢丝刷，以免手被划伤。

9.2 实操训练

（1）训练目的　用麻花钻在上一项目完成工件的基础上钻孔，钻孔前应先用中心钻预钻孔。

（2）准备工具　工件（80mm×80mm×8mm）、台钻、台虎钳、麻花钻（φ6mm）、切削液、钢丝刷。

（3）用麻花钻钻孔的步骤

1）检查台钻周围的环境是否干净，地面是否打滑。如发现安全隐患，应及时向老师汇报，等老师处理之后，再进行操作。

2）检查台钻是否安装漏电保护开关，台钻的电线是否破损。如发现安全隐患，应及时向老师汇报，等老师处理之后，再进行操作。

3）操作人员必须戴上防护镜，防止切屑进入眼睛，严禁戴手套操作机床。

4）将台虎钳安装在台钻的工作台上，将麻花钻安装在主轴上，如发现台虎钳或麻花钻松动，应及时紧固。

5）钻孔开始前，先接通电源，使台钻空运行一段时间，观察台钻在空运行时是否正常运转，如发现异常，应及时向老师汇报，等老师处理之后，再进行操作。

6）打开台钻的主轴箱，检查 V 带是否在第 4 个槽轮上，确保主轴转速为 800～1000r/min。

7）将两块一样大小的垫铁分别紧贴台虎钳的钳口壁放置，然后把工件放置在垫铁上。为防止钻穿工件时钻头伤到垫铁，工件的摆放方向应如图 9-15 所示。

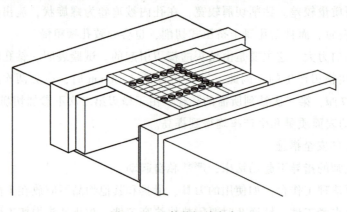

图 9-15　工件的摆放方向

8）将 φ6mm 麻花钻安装在台钻的钻夹头上，使麻花钻的螺旋槽全部在三爪以外。

9）调整台钻工作台的位置，使中心钻对准要钻孔的位置。

10）锁紧工作台，按下台钻的摇臂，使麻花钻的顶尖与工件表面对齐，然后旋转刻度盘，使刻度盘的 0 线对齐主轴箱上的 0 刻度线。

11）起动台钻电源，开始钻孔，每钻深 2～3mm，就应提起钻头，使钻头高于工件，并用钢丝刷清理切屑。

12）快要钻穿时，适当降低钻削速度，防止钻头崩裂。

13）按上述方法，钻完所有剩余的孔，如图9-16、图9-17所示。

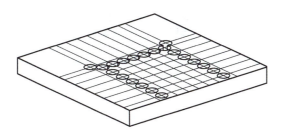

图 9-16　凹板钻孔

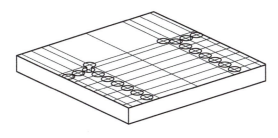

图 9-17　凸板钻孔

14）切断台钻电源，在已加工好的工件上用油笔写上"姓名+班级"，存放在老师指定的位置处。

15）将工作位置打扫干净，将所有工具放入指定的位置。

（4）工件验收　验收内容见表9-4。

表 9-4　验收内容

序号	验 收 项 目	合格	不合格
1	是否按正确的方法装夹工件		
2	是否检查台钻的安全情况		
3	钻孔时是否戴上防护镜		
4	麻花钻的转速是否为 800~1000r/min		
5	每钻深 2~3mm,是否提起麻花钻,清除钻屑		
6	所钻孔的位置是否正确		
7	工作位置是否打扫干净		
8	所有工具是否摆放整齐		
9	是否已切断台钻电源		
10	工件是否已写上"姓名+班级"		

项目 10

鏨 削

教学目的

1) 了解鏨子的结构与种类。
2) 了解锤子的结构。
3) 掌握鏨子的修磨方法。

掌握技能

1) 掌握锤子的使用方法。
2) 掌握平面鏨削的方法。
3) 掌握塞尺的使用方法。

作业方法

1) 独立完成。
2) 交小组长检测，再交老师检测。

10.1 鏨削工具

（1）鏨削　鏨削用于不便采用机械加工的场合，例如去除毛坯的凸缘、毛刺，分割板料，鏨削平面及沟槽等。鏨削工具主要是鏨子和锤子。

鏨削是钳工工作中一项重要的基本技能。通过鏨削练习，学生不仅可以了解鏨子的结构和材料，还可以掌握锤击技能，提高锤击的力度和准确性，为装拆机械设备打下扎实的基础。

（2）鏨子的材料　鏨子是鏨削时所用的主要工具，采用碳素工具钢 T7A 或 T8A 锻打成形后再进行修磨和热处理而成。

（3）鏨子的结构　鏨子可以分为头部、鏨身和切削部分三部分，其中鏨身为八棱形，作用是防止鏨削时鏨子转动。头部有一定的锥度，顶端略带球面。切削部分带有一定的锥度，如图 10-1 所示。

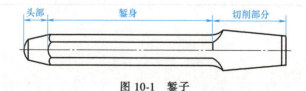

图 10-1　鏨子

（4）錾子的分类

1）扁錾（阔錾）。扁錾切削部分呈梯形，刃口扁平，切削刃较长，略带弧形，如图 10-2a 所示。扁錾主要用来錾削平面、去毛刺和分割板料等，应用较为广泛。

2）尖錾（狭錾）。尖錾刃口较短，两侧面从刃口到錾身逐渐收窄，以防止錾槽时两侧面被卡住，如图 10-2b 所示。尖錾主要用来錾削沟槽及分割曲线板料。

3）油槽錾。油槽錾刃口很短并呈圆弧形，切削部分呈弧形，如图 10-2c 所示。油槽錾主要用于在工件上錾出油槽，便于润滑油在槽内流通。

4）扁冲錾。扁冲錾切削部分截面呈长方形，没有锋利的刃口，如图 10-2d 所示。扁冲錾用于打通两个钻孔之间的间隔。

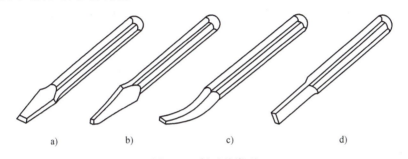

图 10-2 錾子的类型
a）扁錾 b）尖錾 c）油槽錾 d）扁冲錾

（5）切削部分各部位的名称 錾子在切削时各部位的名称和角度如图 10-3 所示。

1）前刀面。錾子工作时与切屑接触的表面。

2）后刀面。錾子工作时与切削表面接触的表面。

3）切削刃。錾子前刀面与后刀面的交线。

4）切削平面。通过切削刃并与切削表面相切的平面。

5）基面。通过切削刃上任一点并垂直于切削速度方向的平面，切削平面与基面相互垂直。

6）楔角 β。前刀面与后刀面所夹的锐角。

7）后角 α。后刀面与切削平面所夹的锐角。

8）前角 γ。前刀面与基面所夹的锐角。

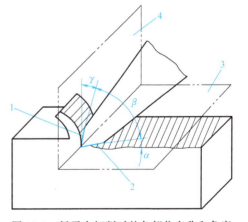

图 10-3 錾子在切削时的各部位名称和角度
1—前刀面 2—后刀面 3—切削平面 4—基面

（6）錾子的修磨 錾子经过多次使用之后，刃口会磨损，需要在砂轮上修磨之后才能继续使用。錾子在使用前，切削刃要锋利。若錾削要求高，如錾削光滑的油槽或加工表面粗糙度要求较高的表面时，錾子在修磨后还应在油石上精磨。

修磨錾子切削刃的方法是将錾子刃面置于高速旋转着的砂轮轮缘上，并略高于砂轮的轴线，且在砂轮的全宽方向做左右移动，如图 10-4 所示。修磨时要掌握好錾子的方向和位置，以保证所磨的楔角符合要求。前、后两面要交替磨，以求对称。检查楔角是否符合要求时，初学者可用样板检查，熟练后可用目测来判断。修磨时，加在錾子上的压力不应太大，以免刃部因过热而退火，必要时，可将錾子浸入冷水中冷却。

（7）锤子　锤子由锤头、手柄等组成。根据用途不同，锤头有软、硬之分。软锤头的材料有铅、铝、铜、硬木、橡胶等，也可在硬锤头上镶或焊一层铅、铝、铜等软金属材料。软锤头多用于装配和矫正。硬锤头材料一般为碳素工具钢（T7），经淬硬处理后磨光，主要用于錾削时锤击錾子。手柄有木质手柄、钢制手柄以及钢制外覆橡胶手柄等。

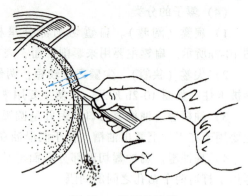

图 10-4　錾子的修磨

锤子的常见形状如图 10-5 所示。锤子的规格指锤头的质量，常用的规格有 0.25 kg、0.5 kg、1 kg 等。手柄的截面形状为椭圆形，以便操作时定向握持。手柄长度约为 350 mm，若手柄过长，则不便操作，过短又使挥力不够。

图 10-5　锤子的常见形状

为了使锤头和手柄可靠地连接在一起，锤头的孔做成椭圆形，且中间小两端大。木柄装入后，再敲入金属楔块，以确保锤头不会松脱，如图 10-6 所示。

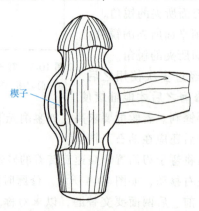

图 10-6　锤头和手柄的连接

10.2 錾削姿势

(1) 錾子的握法　錾子的握法可以分为正握法和反握法两种。

1) 正握法。手心向下，腕部伸直，用中指、无名指握住錾子，小指自然合拢，食指和大拇指自然伸直并松靠在一起，錾子的头部伸出约 20 mm，如图 10-7a 所示。

2) 反握法。手心向上，手指自然捏住錾子，手掌悬空，如图 10-7b 所示。

不管采用正握法还是反握法，錾子都不要握得太紧，否则錾削时手所受的振动会过大。錾削时，小臂要自然平放，并使錾子保持正确的后角。

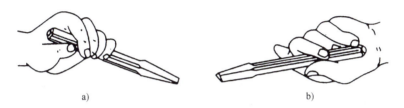

图 10-7　錾子的握法
a) 正握法　b) 反握法

(2) 锤子的握法　锤子的握法分为紧握法和松握法。

1) 紧握法。用右手五指紧握手柄，大拇指合在食指上，虎口对准锤头方向，手柄尾端露出 15~30mm。在挥锤和锤击过程中五指始终紧握，如图 10-8a 所示。

2) 松握法。只用大拇指和食指始终握紧手柄。在挥锤时，小指、无名指、中指则依次放松；在锤击时，以相反的次序收拢握紧，如图 10-8b 所示。

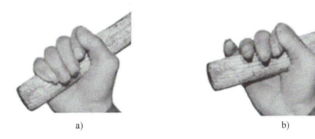

图 10-8　锤子的握法
a) 紧握法　b) 松握法

(3) 挥锤方法　挥锤方法可以分为腕挥、肘挥和臂挥三种。

1) 腕挥。腕挥是仅用手腕的力量进行锤击运动，采用紧握法握锤。此时锤击力较小，一般用于錾削的开始和结尾或錾油槽等场合，如图 10-9a 所示。

2) 肘挥。肘挥是利用腕和肘一起运动来挥锤，这种挥锤方式的锤击力较大，应用较广，如图 10-9b 所示。

3) 臂挥。臂挥是利用手腕、肘、臂和上半身一起运动来进行挥锤动作，这种挥锤方式的锤击力最大，用于需要大量錾削的场合，如图 10-9c 所示。

(4) 站立姿势　錾削时，身体与台虎钳中心线大致成 45°角，身体略前倾；左脚向前跨

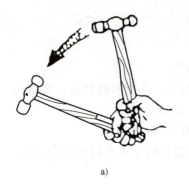  

图 10-9 挥锤方法
a) 腕挥 b) 肘挥 c) 臂挥

半步，与挥锤的方向成 30°，左腿膝关节应稍微自然弯曲，重心偏于左脚。右脚稍微朝后，右腿伸直，身体自然站立，右脚与挥锤的方向成 75°，如图 10-10a 所示。眼睛注视錾削处，以便观察錾削的情况，而不应注视锤击处。左手握錾子使其在工件上保持正确的角度。右手挥锤，使锤头沿弧线运动，进行敲击，如图 10-10b 所示。

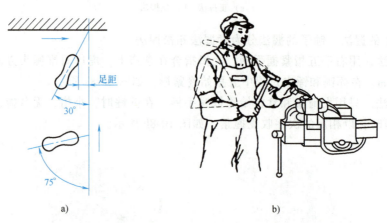

图 10-10 站立姿势
a) 站立姿势 b) 目视錾削处

（5）锤击速度　锤子敲下去应具有加速度，以增加锤击的力量，不要因为怕打着手而迟疑，造成锤击速度过慢而影响锤击的力量。锤击时锤子落点的准确，主要靠掌握和控制好手的运动轨迹及其位置来达到。锤击频率一般在肘挥时约为 40 次/min，腕挥时约为 50 次/min。

（6）锤击要求　錾削时，锤击要稳、准、狠，其动作要一下一下有节奏地进行，锤子敲下去应有足够的力量。稳就是速度节奏稳定，准就是命中率要高，狠就是锤击要有力。

（7）起錾方式　錾削时有斜角起錾和正面起錾两种起錾方式。

1）斜角起錾。先在工件的边缘尖角处，将錾子放成斜角，錾出一个斜面，如图 10-11a 所示，然后按正常的錾削角度逐步向中间錾削。錾削平面时一般优先采用斜角起錾。

2）正面起錾。先把切削刃抵紧起錾部位，錾子头部向下倾斜至与工件端面基本垂直，如图 10-11b 所示，再轻敲錾子，使錾子容易切入材料，而不会产生滑脱、弹跳等现象。

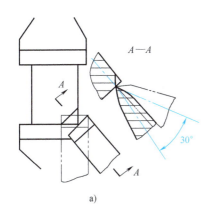
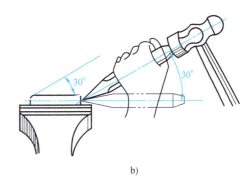

图 10-11 起錾方法
a) 斜角起錾 b) 正面起錾

(8) 窄平面錾法　錾削较窄的平面时，錾子的切削刃最好与錾削前进方向倾斜一个角度，使切削刃与工件有较大的接触面，錾子容易保持稳定，如图10-12所示。

(9) 宽平面錾法　当錾削较宽的平面时，由于切削刃两侧受工件的卡阻而使操作十分费力，所以一般应先用狭錾间隔开槽，再用扁錾錾去其余部分。

(10) 錾削角度　錾削时，錾子的后刀面一般不接触錾削平面，而应使后刀面与錾削平面保持 α = 5°~8°，如图10-14所示。α过大，錾削时切屑会越来越厚，錾削平面会向下斜；α过小，錾削时切屑会越来越薄，錾削平面会向上斜，如图10-15所示。

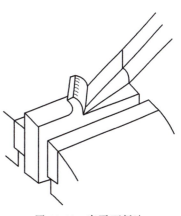

图 10-12　窄平面錾法

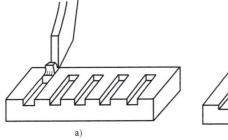
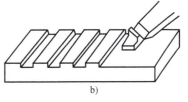

图 10-13　宽平面錾法
a) 先用狭錾间隔开槽 b) 再用扁錾錾去其余部分

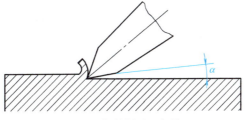

图 10-14　后刀面与錾削平面保持 α = 5°~8°

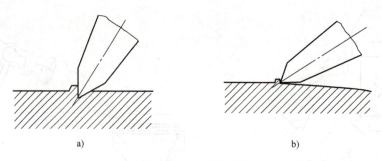

图 10-15 錾削角度
a) α 过大 b) α 过小

(11) 錾削动作 在錾削过程中,一般每錾削 2~3 次,可将錾子退回一些,做短暂的停顿。这样,既可随时观察錾削表面的平整情况,又可使手臂肌肉有节奏地得到放松。

(12) 终点的錾法 当錾削快到终点时,要防止工件边缘崩裂,尤其是錾铸铁、青铜等脆性材料时更应注意,一般情况下,当錾到离终点约 10mm 时,必须调头去錾余下的部分,如图 10-16 所示。

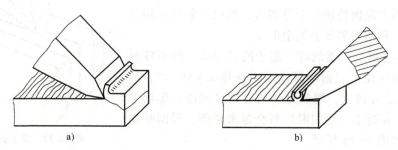

图 10-16 终点的錾法
a) 错误,边缘崩裂 b) 正确,调头錾削

(13) 錾削安全知识
1) 錾削件在台虎钳中必须夹紧,錾削面一般以离钳口 10~15mm 为宜。
2) 发现锤子手柄有松动或损坏时,要立即装牢或更换;手柄上不应沾有油,以免使用时滑出。
3) 錾削时要防止切屑飞出伤人,前面应有防护网。
4) 刃口应保持锋利,头部毛刺要及时磨去。
5) 切屑不得用手擦或用嘴吹,而应用钢丝刷清除。
6) 修磨錾子时对砂轮施加的压力不能太大,发现砂轮表面跳动严重时,应及时检修。
7) 不能用棉纱裹住錾子进行修磨。
8) 掌握正确使用台虎钳的方法,夹紧时不应在台虎钳的手柄上加套管子扳紧或用锤子敲击台虎钳手柄,工件要夹紧在钳口中央。錾削时应注意使作用力朝向固定钳身,避免造成丝杠和螺母螺纹的损坏。
9) 锤子放置在钳台上时,手柄不可露在外面,以免掉下砸伤脚。

10.3 实操训练

（1）训练目的　运用錾子在上一项目完成的工件基础上进行錾削训练，并加工凸、凹板。

（2）准备工具　工件（80mm×80mm×8mm，已用φ6mm麻花钻钻孔）、台虎钳、錾子、锤子、钢丝刷。

（3）錾削步骤

1）检查台虎钳周围的环境是否干净，地面是否打滑。如发现安全隐患，应及时向老师汇报，等老师处理之后，再进行操作。

2）检查钳工台上的台虎钳是否稳定可靠，如发现台虎钳有松动现象，应及时紧固。

3）操作人员必须戴上防护镜，防止切屑进入眼睛。

4）工件的錾削位置高于台虎钳口部约5mm，选择扁錾，调整好錾子的角度，錾子的轴线与水平线大约成35°，如图10-17所示。

5）左右调整工件，使工件位于台虎钳的中心处。

6）按图10-10所示的姿势站立，并以正面起錾法起錾。

7）按图7-7和图7-8中44mm×50mm线条进行錾削，錾削后的工件如图10-18和图10-19所示。

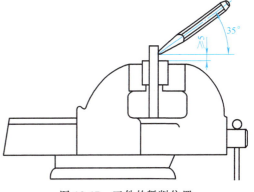

图10-17　工件的錾削位置

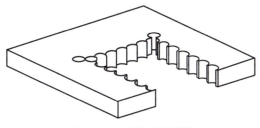

图10-18　錾削后的凹板

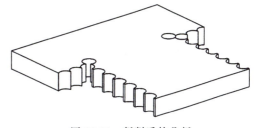

图10-19　錾削后的凸板

8）按图7-7和图7-8中44mm×50mm线条进行锉削，锉削后的工件如图10-20和图10-21所示，并用直角尺进行检测。

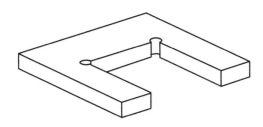

图10-20　锉削后的凹板

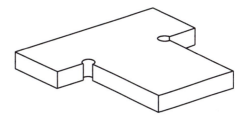

图10-21　锉削后的凸板

9）凸、凹板装配后如图 10-22 所示。

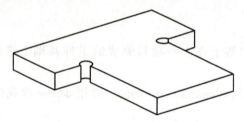

图 10-22　装配后的凸、凹板

10）凸、凹板装配后，用塞尺进行检测，凸、凹板装配后的配合间隙不能超过 0.2mm。

11）在已加工好的工件上用油笔写上"姓名+班级"，存放在老师指定的位置处。

12）将工作位置打扫干净，将所有工具放入指定的位置。

（4）工件验收　验收内容见表 10-1。

表 10-1　验收内容

序号	验 收 项 目	合格	不合格
1	台虎钳是否牢固、安全可靠		
2	工件是否按正确的方法进行装夹		
3	錾削时的站立方式、身体姿势是否自然		
4	起錾方式、錾削角度是否正确		
5	挥锤方式是否正确、自然		
6	锤击速度、锤击落点是否合理		
7	锉削后凸、凹板的配合位置是否平整		
8	凸、凹板的锉削位置是否相互垂直		
9	凸、凹板的配合间隙是否超过 0.2mm		
10	所有工具是否摆放整齐		
11	工作位置是否打扫干净		
12	工件是否已写上"姓名+班级"		

项目 11

孔 的 加 工

教学目的

1) 了解小孔和深孔的定义。
2) 了解扩孔钻、锪孔钻和铰孔钻的种类、结构和切削特点。
3) 认识钻孔、扩孔、锪孔和铰孔的区别。

掌握技能

1) 掌握扩孔、锪孔、铰孔的操作要领。
2) 掌握不同孔的加工工艺。
3) 掌握孔加工的工艺方案。

作业方法

1) 独立完成。
2) 交小组长检测,再交老师检测。

11.1 孔的加工工艺

精度要求比较高的孔,一般是不能一次性加工成形的,需要经过多次加工,才能加工出符合要求的孔。孔的加工类型可以分为钻孔、扩孔、锪孔、铰孔、镗孔等。

按照孔的长度和直径的大小,可以分为小孔、一般孔和深孔。

11.1.1 小孔的加工

(1) 小孔的定义　直径小于 $\phi 8mm$ 的孔,称为小孔。

(2) 小孔的加工工艺　在加工小孔时,如果精度要求不高,一般采用麻花钻直接钻孔。如果孔的精度要求较高,则先用一个直径较小的麻花钻进行粗钻,然后换直径稍大一些的麻花钻进行精钻,以获得符合要求的精度和表面粗糙度。例如,加工直径为 $\phi 5_{0}^{+0.03}mm$ 的小孔,可以先用 $\phi 4.2mm$ 麻花钻进行粗钻,然后用 $\phi 4.8mm$ 麻花钻进行精钻,最后进行铰孔,铰削余量见表 11-1。如有更高的精度要求,可留 $0.01 \sim 0.02mm$ 的余量进行研磨。

表 11-1　铰削余量　　　　　　　　　　　　(单位: mm)

孔径	$\phi 0.5 \sim \phi 1.5$	$\phi 1.5 \sim \phi 5$	$\phi 5 \sim \phi 8$
铰削余量(直径)	0.1	$0.1 \sim 0.15$	$0.15 \sim 0.2$

(3) 切削速度　加工小孔的切削速度一般为 $20 \sim 40m/min$,手动进给量为 0.1 ~

0.35mm/r，机铰为 4~10m/min，手动进给量为 0.3~1.05mm/r。

11.1.2 深孔加工

（1）深孔的定义　长径比大于 5 的孔，称为深孔。

（2）深孔的加工工艺　深孔的加工分为两种，一种是长径比在 5~20 的普通深孔，采用超长麻花钻加工；另一种是长径比在 20 以上的特殊深孔，采用枪钻加工。

（3）公差等级为 IT7 以上的深孔加工工艺

1）直径小于或等于 φ10mm 的深孔，采用钻孔+铰孔的加工工艺。

2）直径为 φ10~φ30mm 的深孔，采用钻孔+扩孔+铰孔的加工工艺。

3）直径为 φ30~φ50mm 的深孔，采用二次钻孔+扩孔+铰孔的加工工艺。

11.2　扩孔

（1）扩孔的概念　用扩孔钻对工件上已有的孔进行扩大的加工工艺，称为扩孔，如图 11-1 所示。由于扩孔钻刚性好，无横刃，导向性好，所以扩孔尺寸公差等级比钻孔高，可达 IT10~IT9，表面粗糙度 Ra 值可达 3.2μm。扩孔可作为孔类加工的终加工，也可作为铰孔前的预加工。

钻孔和扩孔都属于孔类加工，都是利用切削刃进行切削的。钻孔是用麻花钻钻底孔，而扩孔是用扩孔钻把麻花钻所钻的孔扩大。

钻孔时麻花钻的所有切削刃都参与工作，切削阻力非常大，特别是麻花钻的横刃为负的刃前角，而且横刃相对轴线总有不对称，由此引起麻花钻的摆动，所以钻孔精度很低。扩孔时只有最外周的切削刃参与切削，阻力大大减小，而且由于没有横刃，麻花钻可以浮动定心，所以扩孔的精度远远高于钻孔。

扩孔前，加工余量一般应控制在孔径的 1/8 左右。当孔的直径≤30mm，直径余量≤4mm 或者孔的直径>30mm，直径余量≤6mm 时，可采用一次扩孔，如果余量太多，则应分多次扩孔。

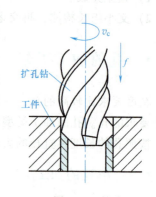

图 11-1　扩孔

（2）扩孔钻的结构　扩孔钻与麻花钻相似，由切削刃和排屑槽构成，但麻花钻只有两个切削刃，而扩孔钻有 3~4 个切削刃，无横刃，前角和后角沿切削刃的变化小，加工时导向效果好，轴向抗力小，切削条件优于钻孔。

扩孔钻主要用于把工件上预先加工的孔进行扩大，同时可以提高圆柱度和粗糙度，但扩孔钻加工的孔不可以作为销孔。

（3）扩孔钻的分类

1）按装夹方式不同，扩孔钻可分为直柄、锥柄和套式三种，这三种结构与麻花钻相似。

2）按刀体结构不同，扩孔钻可分为整体式、镶片式和硬质合金式三种，如图 11-2 所示。

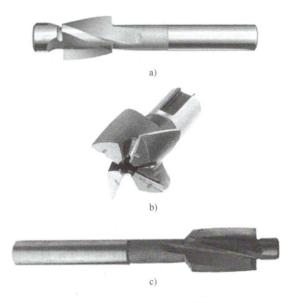

图 11-2　扩孔钻的三种结构
a）整体式　b）镶片式　c）硬质合金式

（4）扩孔钻的结构特点

1）刚性较好。由于扩孔的背吃刀量小，切屑少，扩孔钻的容屑槽浅而窄，钻芯直径较大，增加了扩孔钻工作部分的刚性。

2）导向性好。扩孔钻有 3~4 个刀齿，刀具周边的棱边数增多，导向作用相对增强。

3）切屑条件较好。扩孔钻无横刃参加切削，切削轻快，可采用较大的进给量，生产率较高；又因切屑少，排屑顺利，不易刮伤已加工表面。

扩孔是在钻孔之后的工艺，扩孔时所受到的阻力要比钻孔时小得多。因此，扩孔与钻孔相比，加工精度高，表面粗糙度值较低，且可在一定程度上校正钻孔的轴线误差。

11.3　锪孔

（1）锪孔工艺　用锪钻在孔口表面锪出一定形状的孔或表面的加工方法称为锪孔。

锪削工艺分为许多类型，如锪圆柱形沉头孔、锪锥形沉头孔、锪凸台端面等，如图 11-3 所示。

（2）锪钻的分类　按锪削类型不同，锪孔工具常分为以下几种。

1）柱形锪钻。柱形锪钻主要用于锪圆柱形沉孔，锪钻前端有导柱，导柱直径与工件已有孔为紧密的间隙配合，以保证良好的定心和导向。这种导柱是可拆的，也可以把导柱和锪钻做成一体，如图 11-3a 所示。

柱形锪钻起主要切削作用的是端面切削刃，螺旋槽的斜角就是它的前角，可以用麻花钻改制而成。

2）锥形锪钻。锥形锪钻的锥角按工件锥形沉孔的锥角不同，有 60°、75°、90° 及 120° 四种，其中 90° 用得最多。锥形锪钻主要用于锪锥形沉孔，如图 11-3b 所示。

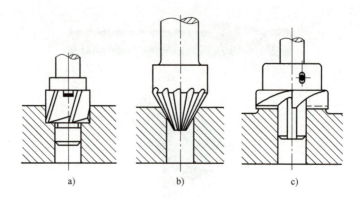

图 11-3 锪削工艺
a) 锪圆柱形沉孔　b) 锪锥形沉孔　c) 锪凸台端面

3) 端面锪钻。端面锪钻主要用于保证孔的端面与孔中心线的垂直度。当已加工的孔径较小时,为了使刀杆保持一定强度,刀杆头部的一段直径与已加工孔可采用间隙配合,以保证良好的导向作用。简单的端面锪钻如图 11-3c 所示。

(3) 锪削工艺的标注　对于铸造的凸台,一般用引出标注"锪平为止,不标尺寸"。有些工件未铸凸台,需向下锪成沉孔状,若此处厚度有要求,就要标出沉孔深度,若无要求,也可用引出标注"锪平为止"。

(4) 锪孔的目的　锪孔的目的是保证孔口平面与孔中心线的垂直度,以便与孔连接的零件能够保证位置正确,连接可靠。在工件的连接孔端锪出柱形或锥形埋头孔,用埋头螺钉埋入孔内把有关零件连接起来,使外观整齐,装配位置紧凑。将孔口端面锪平,并与孔中心线垂直,能使连接螺栓(或螺母)的端面与连接件保持良好接触。

(5) 注意事项　锪孔方法和钻孔方法基本相同。锪孔时存在的主要问题是由于刀具振动而使所锪孔口的端面或锥面产生振痕,使用麻花钻改制锪钻,振痕尤其严重。为了避免这种现象,在锪孔时应注意以下几点。

1) 锪孔时的切削速度应比钻孔时低,一般为钻孔切削速度的 1/3~1/2。同时,由于锪孔时的轴向抗力较小,所以进给压力不宜过大,并要均匀。精锪时,往往利用钻床停车后的主轴惯性来锪孔,以减少振动而获得光滑表面。

2) 锪孔时,由于锪孔的切削面积小,标准锪钻的切削刃数目多,切削较平稳,所以进给量为钻孔时的 2~3 倍。

3) 尽量选用较短的麻花钻来改磨锪钻,并注意修磨前面,减小前角,以防止扎刀和振动。用麻花钻改磨锪钻,刃磨时,要保证两切削刃高低一致、角度对称,保持切削平稳。后角和外缘处前角要适当减小,选用较小后角,防止出现多角形,以减少振动并防止扎刀。同时,在砂轮上修磨后再用油石修光锪钻,可使切削均匀平稳,减少加工时的振动。

4) 锪钻的刀杆和刀片,配合要合适,装夹要牢固,导向要可靠,工件要压紧,锪孔时不应发生振动。

5) 要先调整好工件的螺栓通孔与锪钻的同轴度,再进行工件的夹紧。调整时,可旋转主轴做试钻,使工件能自然定位。工件夹紧要稳固,以减少振动。

6) 为控制锪孔深度,在锪孔前可对钻床主轴(锪钻)的进给深度用钻床上的深度标尺和定位螺母做好调整定位工作。

7)当镗孔表面出现多角形振纹等异常时,应立即停止加工,并找出问题,及时修正。

8)镗钢件时,因产生的切削热量大,要在导柱和切削表面加切削液。

11.4 铰孔

(1)铰刀结构　铰刀有6~12个切削刃,是用来铰削工件上已钻削(或扩孔)加工后的孔,切除已加工孔的表面薄金属层的旋转刀具。经过铰刀加工后的孔,可以获得精确的尺寸和形状,降低其表面粗糙度。

圆柱孔铰刀由工作部分、颈部和柄部组成。工作部分又分切削部分、校准部分和倒锥部分,其中工作部分的直径最大,如图11-4所示。

铰削过程中,铰刀前端的切削部分进行切削;后面的校准部分起引导、防振、修光和校准作用;倒锥部分的直径向柄部方向逐渐减小(0.03~0.07mm),以减小铰孔时工作部分与孔壁的摩擦。铰孔的尺寸和几何形状精度直接由铰刀决定。

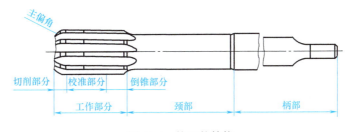

图11-4　铰刀的结构

(2)铰刀的材质　铰刀的工作部分可用高速工具钢或硬质合金制造,硬质合金铰刀如图11-5所示。

(3)铰削工艺　铰削是用铰刀从工件的孔壁上切除微量金属层,以提高孔的尺寸精度和孔表面质量的方法。铰孔是孔的精加工方法之一,在生产中应用很广。对于较小的孔,相对于内圆磨削及精镗而言,铰孔是一种较为经济实用的加工方法。

铰削的工作方式一般是工件不动,由铰刀顺时针方向旋转,同时沿孔中心线做轴向进给,如图11-6所示。

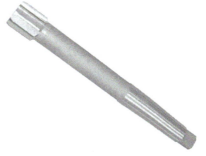

图11-5　硬质合金铰刀

铰孔的切削速度较低,例如用硬质合金圆柱形多刃铰刀对钢件铰 $\phi 40 \sim \phi 100$ mm 的孔时,切削速度为6~12m/min,进给量为0.3~2mm/r。切削时应选用煤油、全损耗系统用油或乳化液等切削液可提高铰孔质量和刀具寿命,并有利于减小铰刀的振动,提高工件的表面质量。

(4)铰削余量　铰削余量是留作铰削加工的厚度大小。通常铰削余量比扩孔或镗孔的余量要小,如果铰削余量太大,会增大切削压力而损坏铰刀,导致加工表面粗糙度很差。另一方面,如果毛坯余量太小,会使铰刀过早磨损,不能正常切削,也会使表面粗糙度变差。

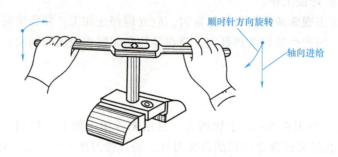

图 11-6 铰削的进给方式

铰孔属于精加工，分为粗铰和精铰。粗铰尺寸公差等级为 IT8~IT7、表面粗糙度 Ra 值为 1.6~0.8μm；精铰的加工余量较小，只有 0.05~0.15mm，尺寸公差等级为 IT7~IT6、表面粗糙度 Ra 值为 0.8~0.4μm。

一般铰削余量为 0.1~0.25mm，对于直径较大的孔，余量不能大于 0.3mm。对于硬材料和一些航空材料，铰孔余量通常取得更小。如果孔壁的余量过大，可将粗铰和精铰分开，以保证技术要求。

(5) 铰刀的分类

1) 按齿的形状不同，铰刀可以分为直槽铰刀和螺旋铰刀。铰刀的齿槽通常为直槽，也有螺旋齿槽，螺旋铰刀如图 11-7 所示。当加工长度方向上的孔壁不连续或有纵向槽的孔时，螺旋铰刀的工作稳定性排屑情况要优于直槽铰刀。

2) 按适用设备不同，铰刀可分为手用铰刀和机用铰刀。机用铰刀又可分为直柄铰刀和锥柄铰刀，适用于车床、铣床、镗床和钻床等机械设备；手用铰刀为直柄，工作部分较长，由操作人员用手旋转铰杆的方式进行作业。

3) 按调节直径的方式不同，铰刀可以分为可调节铰刀和可胀式铰刀。可调节铰刀是靠

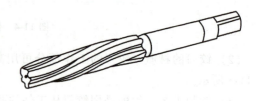

图 11-7 螺旋铰刀

调节两端的螺母，使楔形刀片沿刀体上的斜底槽移动，以改变铰刀的直径尺寸的；可胀式铰刀是通过钢球的移动，从而将开有纵向槽的铰刀直径胀大的。直径可调式的铰刀适用于机械修配工作。

4) 除了图 11-7 所示的螺旋铰刀外，常见的铰刀还有套式机用铰刀、可调节手用铰刀、锥度铰刀等，如图 11-8 所示。

(6) 手铰圆柱孔的步骤和方法

1) 根据孔径和孔的精度要求，确定钻孔用麻花钻的直径和扩孔用扩孔钻的直径。

2) 工件装夹必须可靠，将工件夹正、夹紧。对薄壁零件，要防止夹紧力过大而将孔夹扁。

3) 手铰时，两手用力要平衡、均匀、稳定，按顺时针方向转动铰刀，并稍微用力向下压，任何时候都不能倒转，否则，切屑挤住铰刀，会划伤孔壁，使铰刀的切削刃崩裂，铰出的孔不光滑、不圆，也不准确。

4) 机铰退刀时，应先退出铰刀后再停止运转。铰通孔时铰刀的标准部分不要全出头，

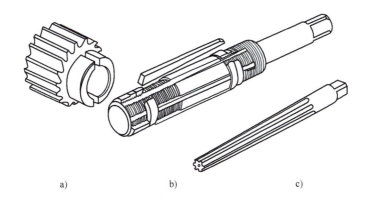

图 11-8 几种常见的铰刀
a) 套式机用铰刀 b) 可调节手用铰刀 c) 锥度铰刀

以防孔的下端被刮坏。

5) 机铰时要注意机床主轴、铰刀、待铰孔三者间的同轴度是否符合要求，对高精度孔，必要时应采用浮动铰刀夹头装夹铰刀。

6) 铰孔过程中，如果铰刀被卡住，不要硬扳，应小心地沿轴线方向抽出铰刀，清除切屑，然后再次进行铰削。如果铰刀被卡住时硬扳铰刀，会折断铰刀或使切削刃崩裂。

7) 进给量的大小要适当、均匀，并不断地加切削液进行润滑冷却。

8) 铰孔完成后，要顺时针方向旋转退出铰刀。

11.5 钻孔、扩孔、锪孔和铰孔的区别

1) 钻孔是在材料上直接用麻花钻通过钻削方式加工孔，加工的精度较低。

2) 扩孔是在原有孔的基础上将孔扩大的一种加工方法，加工的精度比钻孔稍高。

3) 锪孔是在原有孔的基础上加工沉头孔、埋头孔或将孔的锥底加工成平底，多数是供螺母或垫片使用的装配结构。

4) 铰孔是用铰刀在原有孔的基础上做少许的扩大以达到加工尺寸要求，加工精度较高。

11.6 实训作业

根据图 11-9 所示零件图，在上一项目完成工件的基础上加工 3 个孔。

（1）训练目的 掌握钻孔、扩孔、锪孔和铰孔的姿势；掌握钻孔、扩孔、锪孔和铰孔的顺序。

（2）准备工具 上一项目完成的凸形工件、台虎钳、钻床、金属直尺、划针、样冲、锤子、ϕ10mm A 型中心钻、ϕ6mm 麻花钻、ϕ9mm 麻花钻、ϕ9.8mm 扩孔钻、ϕ20mm 麻花钻（代替锪刀，加工埋头孔）、ϕ10mm 扩孔钻、ϕ10mm 铰刀、ϕ12mm 锪钻、钢丝刷、切削液。

（3）钻孔、扩孔、锪孔、铰孔的步骤

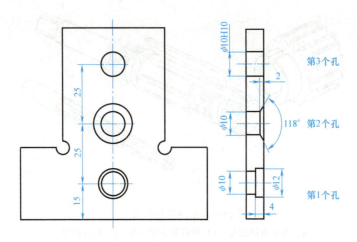

图 11-9 零件图

1）检查工具是否齐全。
2）先在工件表面划线，并用样冲在交点处打点，如图 11-10 所示。

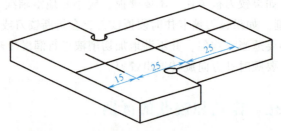

图 11-10 划线并打点

3）检查台钻周围的环境是否干净，地面是否打滑。如发现存在安全隐患，应及时向老师汇报，等老师处理之后，再进行操作。

4）检查台钻是否安装漏电保护开关，台钻的电线是否破损。如发现存在安全隐患，应及时向老师汇报，等老师处理之后，再进行操作。

5）操作人员必须戴防护镜，以防止切屑进入眼睛，严禁戴手套操作机床。

6）钻孔开始前，先接通电源，使台钻空运行一段时间，观察台钻在空运行时是否正常运转，如发现异常，应及时向老师汇报，等老师处理之后，再进行操作。

7）打开台钻的主轴箱，检查 V 带是否在第 4 个槽轮上，确保主轴转速为 800～1000r/min。

8）将台虎钳安装在台钻的工作台上，如发现台虎钳松动，应及时紧固。

9）为确保工件受力均衡，工件的装夹方向如图 11-11 所示，工件下面有两块相同的垫块。

10）先用 ϕ10mm A 型中心钻预钻孔，钻孔的深度约为 5.5mm 或钻孔口部直径约为 ϕ5mm 时，停留 2～3s，再退出中心钻，使中心孔光、圆、准确。

11）用 ϕ6mm 麻花钻加工 3 个通孔，再用 ϕ9mm 麻花钻将 ϕ6mm 麻花钻加工的 3 个孔扩大（最好不要直接用 ϕ9mm 麻花钻钻孔，否则所加工的孔容易歪斜）。

项目11 孔的加工

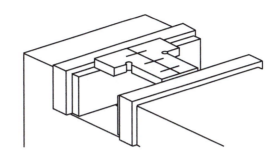

图11-11 工件的装夹方向

12) 用 φ10mm 的扩孔钻对第 1、2 个小孔进行扩孔。

13) φ12mm 的锪钻加工第 1 个孔的沉头孔,沉头孔的深度为 4mm。

14) 用 φ20mm 麻花钻加工第 2 个孔的埋头孔,埋头孔的深度为 2mm,或者埋头孔的口部直径为 φ16.6mm。

15) 用 φ9.8mm 的扩孔钻对第 3 个小孔进行扩孔,再用 φ10mm 的铰刀对第 3 个孔进行铰孔(因为用麻花钻加工的孔余量太大,不能直接用铰刀铰孔,应先扩孔后再铰孔,否则铰刀容易崩刃,导致铰削后的表面粗糙度达不到要求)。

16) 在加工孔时,需及时给刀具加切削液。

17) 在已加工好的工件上用油笔写上"姓名+班级",存放在老师指定的位置处。

18) 将工作位置打扫干净,将所有工具放入指定的位置。

(4) 工件验收 验收内容见表11-2。

表 11-2 验收内容

序号	验 收 项 目	合格	不合格
1	是否按图 11-10 进行划线、打点		
2	台钻的 V 带是否在第 4 个槽轮上		
3	是否用中心钻预钻孔		
4	钻孔、扩孔、锪孔和铰孔的顺序是否正确		
5	钻孔、扩孔、锪孔和铰孔的姿势是否正确		
6	钻孔、扩孔、锪孔和铰孔的尺寸是否正确		
7	是否已切断台钻电源		
8	工作场所是否打扫干净		
9	所有工具是否摆放整齐		
10	工件是否已写上"姓名+班级"		

项目 12

螺纹的加工

教学目的

1) 了解丝锥的结构与种类。
2) 了解圆板牙的结构。
3) 了解套螺纹的结构。

掌握技能

1) 掌握攻螺纹底孔直径的计算方法。
2) 掌握套螺纹圆柱直径的计算方法。
3) 掌握丝锥的使用方法。
4) 掌握套螺纹的方法。

作业方法

1) 独立完成。
2) 交小组长检测,再交老师检测。

12.1 攻螺纹

12.1.1 丝锥

丝锥是加工内螺纹的一种刀具,沿轴向开有沟槽,它和丝锥铰杠配合使用,才能攻螺纹,如图 12-1 所示。

(1) 丝锥的结构　丝锥由切削刃、容屑槽和锥芯三部分组成,切削刃用来加工螺纹,容屑槽用来排屑,切削刃和容屑槽附着在锥芯上,丝锥的尾部有一段是方形,主要是在攻螺纹时用来装夹丝锥铰杠。

丝锥由工作部分和柄部构成。工作部分又分切削部分和校准部分,切削部分磨有切削锥,担负切削工作,校准部分用来校准螺纹的尺寸和形状,如图 12-2 所示。

(2) 丝锥的分类方法

1) 按照容屑槽的形状不同,丝锥可以分为直槽丝锥、螺旋槽丝锥和螺尖丝锥。

图 12-1　丝锥和丝锥铰杠

直槽丝锥加工容易，精度略低，产量较大。一般用于普通车床、钻床及攻丝机的螺纹加工用，攻螺纹的速度较慢。螺旋槽丝锥多用于数控加工中心钻不通孔用，加工速度较快，精度高，排屑较好、对中性好。螺尖丝锥前部有容屑槽，用于通孔的加工。

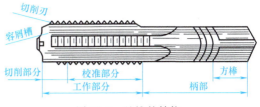

图 12-2 丝锥的结构

2）按照使用环境不同，丝锥可以分为手用丝锥和机用丝锥。

通常把制造精度较高的高速工具钢磨牙丝锥称为机用丝锥，把碳素工具钢或合金工具钢的滚牙（或切牙）丝锥称为手用丝锥，实际上两者的结构和工作原理相同。

3）按照规格不同，丝锥可以分为米制丝锥和寸制丝锥。

米制螺纹，单位是 mm。例如 M8×1.0 螺纹，表示直径为 ϕ8mm，螺距为 1.0mm 的米制细螺纹。如果是粗螺纹，可以直接用 M8 表示。

寸制螺纹，单位是 inch（1inch = 25.4mm），牙型角有 55°和 60°两种。螺纹尺寸的直径用英寸（inch）标注，例如 1/2"、1/4"、1/8" 等。

米制螺纹与寸制螺纹最大的区别是螺距的表示方式不同，米制螺纹的螺距是用两个相邻螺牙之间的距离来表示，寸制螺纹的螺距是用每英寸内的螺纹牙数来表示。因为米制螺纹与寸制螺纹的螺距不相同，所以两种螺纹不能混用。

4）根据螺距的大小不同，丝锥可分为粗牙螺纹丝锥和细牙螺纹丝锥。

（3）成组丝锥 对于较大的螺孔，如果一次将螺纹攻出来，切削量会很大，攻螺纹时会较困难，有时可能会导致丝锥断在螺纹孔里，为解决这一问题，对于孔径较大的螺纹，用 2~3 个不同的丝锥按先后顺序攻螺纹，这几个不同的丝锥分别称为一攻（也称为头攻）、二攻和三攻（也称为尾攻），这几个丝锥就组成一个丝锥组合。

一攻、二攻、三攻的区别是攻螺纹时的切削量不同，一攻的切削量最大，二攻的切削量稍小一些，三攻的切削量最小。在用成组丝锥加工螺纹时，一般是用一攻粗攻螺纹，再用二攻或三攻精攻螺纹。三攻是成形螺纹用的，用三攻攻出来的螺纹，精度和表面质量都很高。

对于孔径较大的螺纹，必须先用一攻，再用二攻、三攻，严禁用二攻或三攻直接攻螺纹，简单地说就是分几次攻出一个螺纹孔，用成组丝锥加工螺纹是为了在攻螺纹时减少切削阻力，延长丝锥的使用寿命。

在丝锥组合中，通常 M6~M24 的丝锥每组有两只；M6 以下和 M24 以上的丝锥每组有三只；细牙普通螺纹丝锥每组有两只。

圆柱管螺纹丝锥与手用丝锥相似，只是其工作部分较短，一般每组有两只。

12.1.2 铰杠

铰杠是手工攻螺纹时用来夹持丝锥的工具，分普通铰杠（图 12-3）和丁字铰杠（图 12-4）两类。上述两种铰杠又分为固定式和活络式两种。丁字铰杠主要用于攻工件凸台旁的螺纹或箱体内部的螺纹。活络式铰杠可以调节夹持丝锥的方棒。

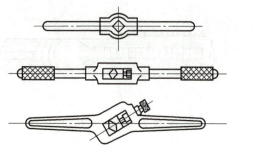

图 12-3　普通铰杠

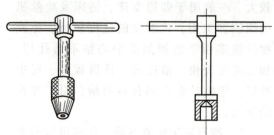

图 12-4　丁字铰杠

12.1.3　螺纹底孔直径和深度的计算

（1）直径的计算　攻螺纹时，丝锥的切削刃除切削金属外，还对工件材料产生挤压作用。被挤压出来的材料凸出工件螺纹牙形的顶端，嵌在丝锥刀齿根部的空隙中，如图 12-5 所示。

如果丝锥刀齿根部与工件螺纹牙形顶端之间没有足够的空隙，丝锥就会被挤压出来的材料轧住，造成崩刃、折断和工件螺纹烂牙，因此，攻螺纹时螺纹底孔直径必须大于标准规定的螺纹内径，螺纹底孔的直径可以直接通过下列经验公式计算

韧性材料　　　　　　　　$D_0 = D - P$

脆性材料　　　　　　　　$D_0 = D - 1.1P$

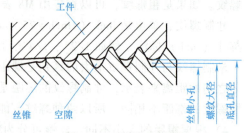

图 12-5　攻螺纹的情况

式中　D_0——底孔直径（mm）；

　　　D——螺纹大径（mm）；

　　　P——螺距（mm）。

（2）深度的计算　攻不通孔螺纹时，由于丝锥切削部分不能切出完整的螺纹牙形，所以钻孔深度要大于所需的螺孔深度。螺纹的深度可以直接通过下列经验公式计算

$$钻孔深度 = 所需螺孔深度 + 0.7D_0$$

式中　D_0——底孔直径（mm）。

12.1.4　手攻螺纹的操作要点

1）先计算好螺纹孔的底孔直径和深度，再用中心钻预钻孔，然后用对应直径的麻花钻在工件上钻孔。

2）攻螺纹前螺纹底孔孔口要倒角，通孔螺纹两端孔口都要倒角，如图 12-6 所示。这样可使丝锥容易切入，并防止攻螺纹后孔口的螺纹崩裂。

3）攻螺纹前，工件的装夹位置要正确，应尽量使螺孔中

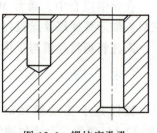

图 12-6　螺纹底孔孔口要倒角

心线置于水平或垂直位置，其目的是攻螺纹时便于判断丝锥是否垂直于工件平面。

4) 开始攻螺纹时，应把丝锥放正，用右手掌按住铰杠中部，沿丝锥轴线用力加压，此时左手配合做顺时针方向旋进，如图 12-7a 所示；或两手握住铰杠两端平衡施加压力，并将丝锥顺时针方向旋进，保持丝锥轴线与孔轴线线重合，不能歪斜，如图 12-7b 所示。

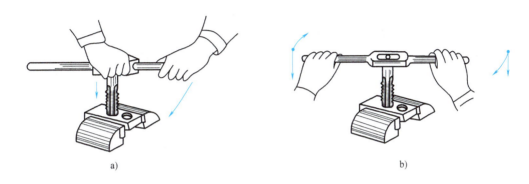

图 12-7 起攻的姿势
a) 沿轴线加压 b) 两端平衡加压

5) 当切削部分切入工件 1~2 圈时，用目测或直角尺检查和校正丝锥的位置，如图 12-8 所示。当切削部分全部切入工件时，应停止对丝锥施加压力，只须平稳地转动铰杠，靠丝锥上的螺纹自然旋进。

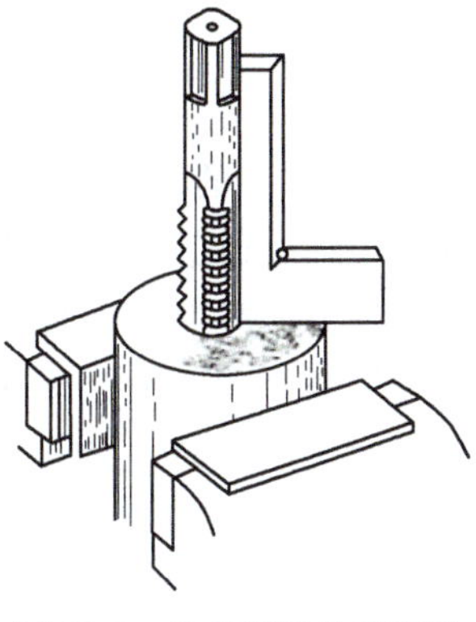

6) 为了避免切屑过长咬住丝锥，攻螺纹时正转 1/2~1 圈，应将丝锥反方向转动约 1/2 圈，这样可使切屑碎断，容易排出，减少攻螺纹的阻力。

7) 攻不通孔螺纹时，要经常退出丝锥，排出孔中的切屑。当将要攻到孔底时，更应及时排出孔底积屑，以免攻到孔底时丝锥被切屑轧住。

8) 攻通孔螺纹时，丝锥校准部分不应全部攻出头，否则会扩大或损坏孔口最后几牙螺纹。

图 12-8 检查螺纹的垂直度

9) 丝锥退出时，应先用铰杠带动螺纹平稳地反向转动，当能用手直接旋动丝锥时，应停止使用铰杠，以防铰杠带动丝锥退出时产生摇摆和振动，破坏螺纹表面粗糙度。

10) 在攻螺纹过程中，换用另一支丝锥时，应先用手将丝锥旋入已攻出的螺纹孔中，直到用手旋不动时，再用铰杠继续攻螺纹。

11) 在硬度较高的材料上攻螺纹时，应头锥、二锥交替攻削，这样可减轻头锥切削部分的载荷，防止丝锥折断。

12) 在塑性材料上攻螺纹时，要加切削液，以减少切削阻力和提高螺纹孔的表面质量，延长丝锥的使用寿命。切削液一般选用机油或浓度较大的乳化液，要求高的螺纹孔也可用菜油或二硫化钼等。

12.2 套螺纹

12.2.1 圆板牙

圆板牙是加工外螺纹的工具，在其内表面有一圈切削刃，并有 4 个排屑孔，如图 12-9 所示。圆板牙两端的锥角 2φ 部分是切削部分。切削部分不是圆锥面（圆锥面的刀齿后角 $\alpha = 0°$），而是经过铲磨而成的阿基米德螺旋面，形成后角 $\alpha = 7° \sim 9°$。锥角 $\varphi = 20° \sim 25°$（即 $2\varphi = 40° \sim 50°$）。板牙的中间一段是校准部分。圆板牙的前刀面为曲线形，因此，前角大小沿着切削刃变化，在内径处前角 γ_1 最大，在外径处前角 γ_2 最小。一般 $\gamma_2 = 8° \sim 12°$，粗牙 $\gamma_1 = 30° \sim 35°$，1、2 级细牙 $\gamma_1 = 25° \sim 30°$。

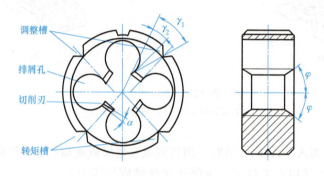

图 12-9 圆板牙

M3.5 以上的圆板牙，其外圆上有 4 个紧定螺钉坑和一条 V 形槽，如图 12-9 所示。图中下面两个轴线通过板牙直径线的螺钉坑，是将圆板牙固定在铰杠中用来传递转矩的。圆板牙切削部分一端磨损后可换另一端使用。校准部分因磨损而使螺纹尺寸变大以致超出公差范围时，可用锯片砂轮沿圆板牙 V 形槽将圆板牙切割出一条通槽。此时 V 形槽成为调整槽。使用时可通过铰杠的紧定螺钉使圆板牙孔径缩小。由于受结构的限制，螺纹孔径的调整量一般为 0.10~0.25mm。

12.2.2 板牙铰杠

板牙铰杠是手工套螺纹时的辅助工具，如图 12-10 所示。板牙铰杠的外圆旋有 4 个紧定螺钉和 1 个调松螺钉，使用时，紧定螺钉将圆板牙紧固在铰杠中，并传递套螺纹时的转矩。当使用的圆板牙带有 V 形调整槽时，通过调节上面 2 个紧定螺钉和调整螺钉，可使圆板牙螺纹直径在一定范围内变动。

12.2.3 套螺纹工件直径的计算

与攻螺纹一样，用圆板牙在工件上套螺纹时，螺孔牙尖也要被挤高一些，所以，工件直径应比螺纹的大径（公称直径）小一些，工件直径可用下列公式计算：

$$d_0 \approx d - 0.13P$$

式中　d——螺纹大径（mm）；
　　　P——螺距（mm）。

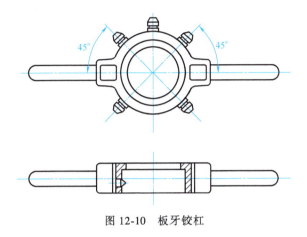

图 12-10　板牙铰杠

12.2.4　套螺纹时的注意事项

1）检查工件的直径与圆板牙是否匹配，工件直径过大或过小，都不适合套螺纹。

2）为使圆板牙容易对准工件和切入工件，工件端部要倒成圆锥斜角为 15°~20° 的锥体，如图 12-11 所示。锥体的最小直径可以略小于螺纹小径，以避免切出的螺纹端部出现锋口或卷边，影响螺母的拧入。

3）为了防止工件夹持时出现偏斜现象，工件应装夹在 V 形块中，并且工件套螺纹的位置离钳口要尽量近，如图 12-12 所示。为防止出现痕迹，在装夹时应加软金属制成的衬垫。

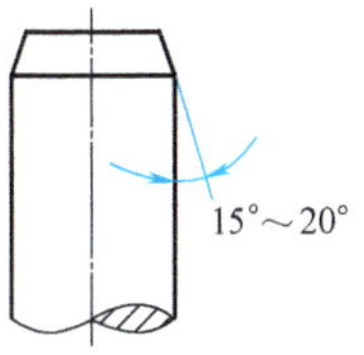

4）套螺纹时应保持圆板牙端面与工件轴线垂直，否则套出的螺纹曲面会有深浅，甚至出现烂牙。

5）在开始套螺纹时，可用手掌按住圆板牙中心，适当施加压力并转动铰杠。

图 12-11　工件端部倒成圆角

6）当圆板牙切入工件 1~2 圈时，应目测检查和校正圆板牙的位置。当圆板牙切入工件 3~4 圈时，应停止施加压力，而仅平稳地转动铰杠，靠圆板牙螺纹自然旋进套螺纹。

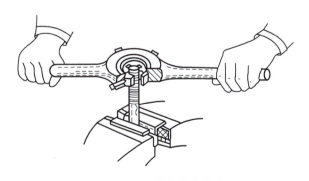

图 12-12　工件的装夹方式

7) 为了避免切屑过长，套螺纹过程中圆板牙应经常倒转。

8) 在钢件上套螺纹时要加切削液，以延长圆板牙的使用寿命，减小螺纹的表面粗糙度值，一般使用加浓的乳化液或机油作为切削液，要求较高时可用菜油或二硫化钼。

12.3 通止规

通规和止规是检测螺纹的两个量具，两个量具合为一套，合称为通止规，有"T"的一头，表示通规，有"Z"的一头，表示止规，如图12-13所示。

图12-13 通止规

国家标准规定，对所加工的螺纹进行检测时，先用通规进行检测，如果能顺利旋进被测螺纹孔，则视为通规检测合格；再用止规进行检测，如果能顺利旋进被测螺纹孔最多2.5圈，则视为合格，只有通、止规检测都合格的情况下，所检测的螺纹才算合格，否则视为不合格。

例如，检测一个螺纹孔，如果通止规中的通规（T）能顺利旋进被测螺纹孔，则为通规检测合格，反之通规检测不合格，然后用止规（Z）进行检测，如果止规最多旋进螺纹孔中2.5圈，则为止规检测合格，如果止规能顺利旋进被测螺纹孔2.5圈以上，则为止规检测不合格。

用通止规检测螺纹，合格的标准是"通规通，止规止"，即螺纹合格的标准是：用通规检测时，能旋进，用止规检测时，不能旋进。如果通规止规都不过或通规止规都过，则螺纹不合格。

12.4 实操训练

（1）训练目的　在上一项目完成工件的基础上攻螺纹，螺纹的尺寸如图12-14所示。在材料为45钢、直径为$\phi 8mm$的圆棒料上套螺纹。

（2）准备工具

1) 攻螺纹：工件（80mm×80mm×8mm）、划针、样冲、A型中心钻（$\phi 10mm$）、$\phi 6.8mm$麻花钻、M8丝锥（包括头攻和二攻）、铰杠、台虎钳、切削液、钢丝刷。

2) 套螺纹：$\phi 8mm × 30mm$的圆棒料、M8圆板牙、板牙铰杠、台虎钳、V型块、切削液、钢丝刷。

（3）实操时间　3个学时。

（4）攻螺纹步骤

1) 检查台虎钳周围的环境是否干净，地面是否打滑。如发现安全隐患，应及时向老师汇报，等老师处理

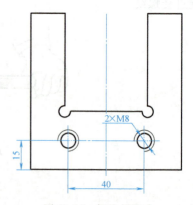

图12-14 螺纹的尺寸

之后，再进行操作。

2）检查钳工台上的台虎钳是否稳定可靠，如发现台虎钳有松动现象，应及时紧固。

3）操作人员必须戴上防护镜，防止切屑进入眼睛。

4）按图 12-14 划线，并用样冲打点。

5）用直径为 ϕ10mm 的 A 型中心钻在打点处预钻孔，钻孔深度约为 6mm，或者口部直径约为 5.5mm。

6）用直径为 ϕ6.8mm 的麻花钻钻通孔。需要注意的是，攻 M8 螺纹的底孔孔径应该为 ϕ7mm，但用麻花钻所钻的孔，直径一般大于麻花钻的直径，因此选用直径为 ϕ6.8mm 的麻花钻。

7）用直径为 ϕ10mm 的麻花钻为上一步所钻的孔正反两面倒角（15°~20°）。

8）将工件装夹在台虎钳上，检查工件是否水平。

9）用 M8 的头攻预攻螺纹，攻进二个螺纹时应检查丝锥是否垂直。

10）用 M8 的二攻精攻螺纹，攻螺纹时应加切削液。

11）用通止规对螺纹进行检验。

（5）套螺纹步骤

1）检查台虎钳周围的环境是否干净，地面是否打滑。如发现安全隐患，应及时向老师汇报，等老师处理之后，再进行操作。

2）检查钳工台上的台虎钳是否稳定可靠，如发现台虎钳有松动现象，应及时紧固。

3）操作人员必须戴上防护镜，防止切屑飞入眼睛。

4）将圆棒料装夹在卧式车床上，用卧式床车对圆棒料进行倒角。

5）低速起动车床，用锉刀锉削圆棒料的外径，将外径锉至 ϕ7.85mm。

6）将工件用 V 型块装夹在台虎钳上，检查工件是否垂直于水平面。

7）用 M8 的圆板牙套螺纹，套 1~2 圈螺纹后，检查铰杠是否与工件轴线垂直。

8）套螺纹过程中圆板牙应经常倒转，并应添加切削液。

9）套螺纹后，用通止规对螺纹进行检验。

10）在已加工好的工件上用油笔写上"姓名+班级"，存放在老师指定的位置处。

11）将工作位置打扫干净，将所有工具放入指定的位置。

（6）工件验收 验收内容见表 12-1。

表 12-1 验收内容

序号	验收项目	合格	不合格
1	站立方式、身体姿势是否正确、自然		
2	攻螺纹的工件是否按正确的方法进行装夹		
3	攻螺纹的底孔直径大小是否正确		
4	攻螺纹的底孔是否倒角		
5	攻螺纹的方式是否正确		
6	攻螺纹开始的步骤是否正确		
7	所套螺杆与所攻螺纹孔是否能正常旋入		
8	工件是否已写上"姓名+班级"		

参 考 文 献

[1] 周兆元. 钳工实训 [M]. 北京：化学工业出版社，2010.
[2] 武春江，刘锐. 钳工操作实训教程 [M]. 北京：北京航空航天大学出版社，2011.
[3] 张玉中，曹明. 钳工实训 [M]. 2版. 北京：清华大学出版社，2011.